綠色能源

黃鎮江　編著

全華圖書股份有限公司

序言

　　周末的下午，走在標高 800 公尺的大坑 4 號步道，仰望湛藍的天空，因為陽光非常炫目，必須戴上太陽眼鏡來遮蔽陽光。

　　走進茂密的森林之中，陽光也只能從茂密樹林的間隙漏下，可以看到淺淺的綠草與感受到清新的空氣。清新空氣滋養了周邊的花、草、樹木，再加上泥土的香氣，使得置身在森林之中可以感受到一種毫無壓力的舒暢。清新空氣也滋潤了小溪，溪水清澈見底，坐在溪邊脫下鞋子，任由沁涼溪水沖擊不斷擺動的雙腳，優閒地聽著潺潺流水聲，也聽著小鳥吱吱的叫聲，猶如置身在世外桃源。如此清新的空氣、清澈的溪水在二十世紀的工業社會可說是彌足珍貴、很難找得到的。

　　開著由三十年前逐漸普及的燃料電池車，回到市區購物中心旁的加氫站，將車停在加氫站的固定位置，蓋上 ID 卡，5 公斤的氫氣便從氫氣補給口自動的補滿儲氫槽，氫氣則是利用購物中心屋頂上的太陽能板的電力電解水而來的。

　　一溜煙，四輪傳動的燃料電池車已經行走在大肚山的產業道路，從這裡遠眺台中市區，可以看到各式各樣大大小小的機車、轎車、休旅車、卡車與巴士，全部都是以氫作為燃料，在行走的過程中排氣管冒出裊裊的白色水氣，因為空氣非常清新，車窗都是開著的，機車駕駛也都不戴口罩了。

　　站在望高寮的觀景台，往西眺望，湛藍的台灣海峽映照著夕陽餘暉，點綴著三三兩兩的漁船，勾畫出一幅美不勝收的圖案，一旁繁忙的台中港，盡是來來往往的輪船與載送氫的船隻，港邊的高聳煙囪曾經是全世界二氧化碳排放量最多的台中電廠，如今已經改建成了電力博物館，沿著大肚山山麓的高壓電塔早就被拆除，取而代之的是豎立在港邊的風力發電機，葉片迎著風不斷地旋轉著；往南看，涓涓不息的烏溪三十年來都是透明清澈的，自從汙

水下水道完成後汙水再也不排放到溪裡了。再仰望天空，從清泉崗機場起降的噴射客機在天空中飛來飛去，將旅客送達目的地，飛機的燃料從化石燃料改用氫已經有二十幾年了。在這十年當中已經完全不使用化石燃料，全部的能源都是從無止盡的太陽與水所製造出來。

如此的氫能社會下，你的生活又會變得如何？

黃鎮江

編輯部序

　　「系統編輯」是我們的編輯方針，我們所提供給您的，絕不只是一本書，而是關於這門學問的所有知識，它們由淺入深，循序漸進。

　　綠色能源泛指對生態環境低污染或無污染的能源，而人類可開發和利用的綠色能源有風能、太陽能、熱核能和氫能源等。面對石油即將枯竭的年代，如何利用這些綠色能源來取代石油已經是件非常迫切的課題。

　　本書針對綠色能源之一的氫能源作詳盡介紹，特別是以氫能源所作的燃料電池發展的相當亮眼，不僅可以小到取代一般電池，甚至可以大到作為發電站和發電廠，將來勢必成為支配人類生活的重要動力來源。本書跳脫傳統刻板的解說方式，以全彩印刷加上圖文並茂的活潑版面，向大家說明使用氫能源的好處，以及期許大家共同打造一個低污染又取之不盡的綠色能源世界。

　　本書適用於大學、科大電機、環工、機械系「綠色能源」之課程。

　　若您在這方面有任何問題，歡迎來函連繫，我們將竭誠為您服務。

目錄

Chapter 1 綠色能源簡介

Chapter 2 綠氫

Chapter **3** 太陽光電

Chapter 4 風力發電

Chapter 7　綠能電動車

綠色能源簡介

　　綠色能源是指使用過程沒有污染排放的能源,但不限於一次能源。

　　例如水力發電捕捉來自下落的水的能量,核能利用質能轉換來發電,風能是利用風力發電,太陽能電池將光轉化成電能,地熱能是取用地球內部自然熱來供暖或發電,生物燃料從植物中提取燃料取代汽油或柴油,氫可以從許多技術中產出作為化學能使用,使用中也不會產生污染排放。

1-1 什麼是綠色能源？

什麼是綠色能源？

綠色能源，也稱清潔能源，是指生產與使用過程中不排放污染物，且能夠直接用於生產生活的能源。

狹義的綠色能源是指再生能源，包括太陽能、風能、水能、生物能、地熱能、波浪能和海洋能等，它與煤炭石油一樣是初始能源(或稱一次能源)，這些再生能源不僅在使用過程中不排放污染物，而且能夠從自然界持續不斷地補充，因此，再生能源是取之不竭的無污染排放能源，是人類有生之年都不會耗盡的能源。

廣義的綠色能源則納入在生產及其消費過程中，對環境生態衝擊低且無污染的能源或能源載體。基本上，綠色能源並不侷限於初始能源，例如，來自於再生能源的綠氫，自然界並不存在，更無法自然再生，但它在生產與使用過程中確實無溫室氣體排放，且極為清潔環保，是實實在在的綠色能源；另外，來自於核反應的核能，其發電過程中無污染排放且不產生溫室氣體，有助於全球氣候變化之緩解，核燃料本身雖無法再生，但使用過的核燃料棒究竟是核廢料還是核資源，仍在未定之天。事實上，目前包含美國、歐盟等國家地區，均將核能列入清潔能源範疇。

 要點百寶箱

1. 再生能源是綠色能源，綠色能源不只有再生能源。
2. 綠色能源並不侷限於初始能源。
3. 綠氫與核能納入綠色能源範疇。

綠色能源的定義

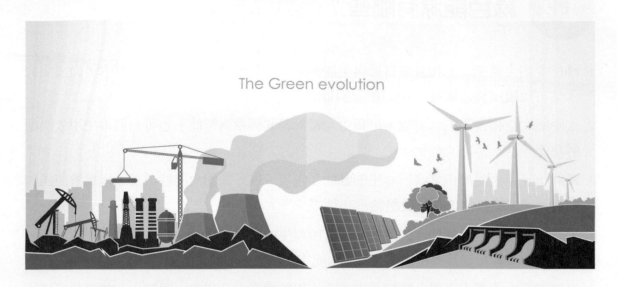

The Green evolution

不可再生能源 再生能源

| 瓦斯能源 | 煤炭能源 | 水力發電 | 生物質能源 | 太陽能源 | 潮汐能源 |

| 石油能源 | 核能 | 氫能源 | 風力發電 | 海浪能源 | 地熱能源 |

綠色能源

1-2 綠色能源有哪些？

1. 綠氫：指生產氫氣的能量來自於再生能源。綠氫的應用，基本產物只有水，而產生的水又可以繼續製造綠氫，可反覆循環利用。

2. 太陽能：泛指太陽的輻射能，可藉由光電板將其轉換為電能，也可以直接使用太陽輻射熱能。

3. 風能：是指大氣層內氣流所產生的動能，也是一種形式的太陽能，可通過風機將風的動能轉換成機械能、電能或熱能。

4. 水能：是由於太陽能將水的型態改變後所產生的勢能，並藉由重力將其轉換為動能，可以進一步使用渦輪機轉換為電能。水能本質上也是一種太陽能。

5. 生物質能：本質上是綠色植物通過光合作用轉換儲存下來的太陽能，一般可利用燃燒或發酵轉換為熱能或其它化學能。

6. 地熱能：是從地殼抽取的天然熱能，可以直接使用，或通過蒸汽渦輪機轉換為電能。

7. 海洋能：受到太陽輻射、地球自轉、以及萬有引力等綜合因素影響所產生儲存在海水的機械能，常見的有波浪能、潮汐能、溫差能等。

8. 核能：也稱原子能，是通過質能轉換過程從原子核釋放的能量，一般用於發電。核能的釋放可通過核裂變、核聚變或核衰變等三種核反應進行。核能是目前被公認為唯一能夠大規模取代常規能源的替代能源，它有助於減緩全球氣候危機，同時也是實現全球經濟發展戰略目標所需能源的重要支柱之一。

要點百寶箱

1. 綠氫是再生能源的載體，自然界不存在。
2. 核能可大規模取代常規能源。
3. 風能、水能、生物質能都屬於太陽能。

綠色能源的種類

太陽能

風力能源

地熱能源

氫能源

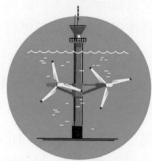

潮汐能源

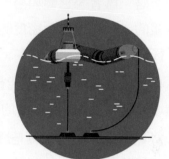

海浪能源

水力發電

核能源

生物質能源

1-3 綠氫

氫是一種清潔燃料，但前提是它必須以清潔的方式生產，並以清潔的方式使用，這就是我們所稱的綠氫。

目前綠氫主要是使用太陽光電、風力發電、水力發電等再生能源電力通過電解水來製取。就綠氫本質而言，氫的來源是水，而製造氫的能量來自太陽。

氫燃燒的比能量高，除核燃料以外氫氣的發熱值是所有燃料中最高的，是汽油發熱值的 3 倍。再者，它輕如鴻毛，是最輕的物質，即使是加壓液化後的液態氫，密度也不及鋼鐵的 1/10，這種低密度的性質使得它可以減輕燃料重量，增大運輸工具的有效載荷量，從而有效降低運輸成本。

自 1960 年代開始，氫能首先被用於火箭和航太飛機等領域，隨著科學技術的進步和對環境保護的重視，氫能源的應用領域逐步擴大到汽車、飛機燃料、發電機等方面。

綠氫的最佳應用載具是燃料電池，它是將綠氫的化學能直接轉化爲電能的裝置，也就是將綠氫與空氣中的氧載入燃料電池進行電化學反應產生電力，發電過程中副產物只有純水，沒有任何污染排放，可以完全展現出綠氫的價值。

綠氫搭配燃料電池是繼水力發電，熱能發電和核能發電之後的第四種發電技術，也是最清潔的發電技術之一。

綠氫無疑是人類的終極能源載體。

 要點百寶箱

1. 綠氫為是終極能源。
2. 氫的熱值高。
3. 燃料電池是綠氫的轉換機器。

綠氫的生產與應用

生產

應用

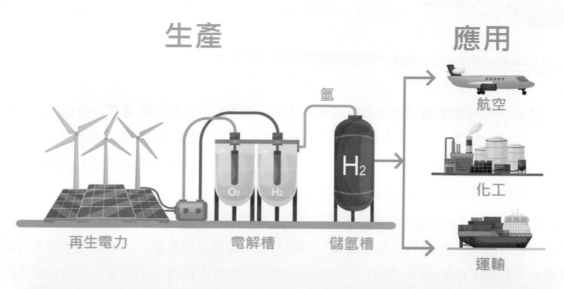

再生電力　　　　電解槽　　儲氫槽

氫

H₂

航空

化工

運輸

1-4 太陽能

太陽是一個巨大、久遠、無盡的能源，每秒鐘照射到地球上的能量相當於 500 萬噸煤。

廣義的太陽能所包括地球上的風能、水能、海洋能、生物質能等都是來源於太陽，甚至於地球上的煤、石油、天然氣等化石能源也是遠古以來儲存下來的太陽能。

狹義的太陽能則限於將太陽輻射能進行光熱、光電或光化學轉換使用，其中目前以光電轉換的太陽能電池的發展最受矚目。

進入 21 世紀，中國大陸便將太陽光電列為戰略性新興產業，目前擁有全球最大的太陽能電池片產能，同時具有全球最便宜的矽晶太陽能電池片，儼然已經成為全球光伏產業重心。根據 CPIA 統計，2021 年全球晶矽太陽電池片產量為 223.9GW，光是中國大陸的產量就達 197.9GW，佔比 88.4%，此外，就應用面而言，2020 年，中國大陸光伏平價上網規模已經超過補貼競價規模，也就是大部份光伏發電項目已經不需要政府財政補貼，逐漸走向平價上網時代。隨著轉換效率提升、技術持續進步，光伏發電成本將進一步降低，預計實現全面平價上網的目標指日可待。

基本上，太陽能資源豐富，既可免費又無需運輸，對環境也沒有任何污染，但太陽能也有主要缺點就是能量密度低，其次，太陽能強度容易受季節、地點、天候等因素，即便如此，也無法撼動太陽能作為綠色能源支柱的角色。

 要點百寶箱

1. 太陽能分成熱能與電能兩種應用。
2. 光伏發電是全球再生能源發展趨勢。
3. 中國大陸是全球太陽能電池片最大生產國。
4. CPIA：中國光伏行業協會。

太陽能電池

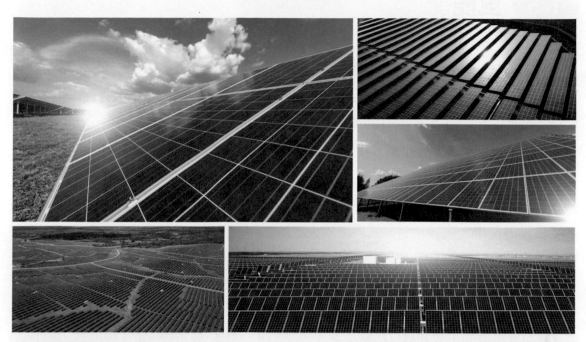

2022年全球與中國大陸光伏行業產品產能情況				
項目	多晶矽料	矽片	電池片	組件
全球產能	77.4萬噸	415.1GW	423.5GW	465.2GW
中國大陸產能全球佔比	80.5%	98.1%	85.1%	77.2%
全球產量	64.2萬噸	232.9GW	223.9GW	220.8GW
中國大陸產量全球佔比	78.8%	97.3%	88.4%	82.3%
照片				

1-5 風能

　　風能 (wind energy) 是空氣流動所產生的動能，是太陽能的一種轉化形式。

　　由於太陽輻射造成地球表面各部分受熱不均勻，引起大氣層中壓力分佈不平衡，在水平氣壓梯度的作用下，空氣由於重力效應沿氣壓梯度方向運動而形成風。

　　地球的風能資源的總儲量非常巨大，一年中可開發的能量約 5.3×10^{13} kWh。

　　風能是可再生的清潔能源，儲量大、分佈廣，但它的能量密度低，只有水能的 1/800，並且不穩定。風能利用主要是透過風機 (又稱風車) 將風的動能轉化成機械能或電能供人們使用，廣義地說，風機是以大氣為工作介質的能量轉換機械。其中，風力發電是目前風能利用的主流。

　　風力發電的原理是利用風力帶動風車葉片旋轉，再透過增速機將旋轉的速度提升，來促使發電機發電。依據目前風車技術，大約是每秒三公尺的微風速度，便可以開始發電。風力發電機的主要結構包括轉子葉片、齒輪箱、機艙、發電機、電子控制器、塔柱等。目前全球的陸域風場近乎飽和，新建的風力發電機均佈置於在離岸風場或海上風場。

　　風力發電的優點有清潔、環境友好、可再生、永不枯竭、基建週期短、裝機規模靈活等；它的缺點則有噪音、視覺污染、佔用大片土地、不穩定、影響生態 (鳥類) 等。

要點百寶箱

1. 風能是太陽能的一種。
2. 風能的主要使用型式為機械能與電能。
3. 目前風力發電以離岸風場為主。

風力發電技術

風力
發電機

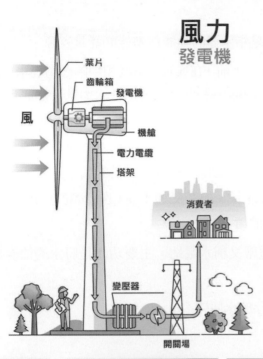

風

葉片
齒輪箱
發電機
機艙
電力電纜
塔架

消費者

變壓器

開關場

陸域風場

離岸風場

1-6 水能

水能 (hydraulic energy) 是一種綠色能源,是指水體的動能與勢能的能量資源。

水能利用包括水力與水電兩種。早在 2000 多年前,在埃及、印度和中國已出現水車、水磨和水碓等利用水能於農業生產。隨著工業發展,十八世紀末這種水力站發展成為大型工業的動力,用於麵粉廠、棉紡廠和礦石開採。但從水力發展到水電,是在十九世紀末遠距離輸電技術發明後才蓬勃興起。水能利用的另一種方式是通過水輪泵或水錘泵揚水,其原理是將較大流量和較低水頭形成的能量直接轉換成與之相當的較小流量和較高水頭的能量。雖然在轉換過程中會損失一部分能量,但在交通不便和缺少電力的偏遠山區進行農田灌溉、村鎮給水等,仍不失其應用價值。

目前水能是主要用於水力發電,水力發電廠又稱水電站,主要功能是將水的位能轉換成電能。一般水電站的的工作原理如下:

1. 將自然落水 (降雨或降雪) 用壩體圍堵並儲存於水庫中,

2. 藉由水的位能來推動動渦輪機,

3. 渦輪機帶動發電機產生電力,

4. 藉由電網將產生的電力送往用戶。

水力發電的優點有無需使用燃料、可連續再生、無污染;缺點是水能利用容易被水文、地形、氣候等多方面因素所影響,此外,建構大型水電站不僅可能對環境生態造成影響,建構時往往需要使用到大量混凝土,對溫室氣體排放有不利的影響。

現代水能利用是水資源綜合利用的一個重要部分。大規模的水能利用,往往涉及整條河流的綜合開發,或涉及全流域甚至數個國家的農業、能源結構及國土規劃等,因此,需要在對地區的自然和社會經濟綜合研究基礎上,進行微觀和宏觀決策與規劃。

要點百寶箱

1. 水能利用分為水力與水電兩種。
2. 現代水能利用是水資源綜合利用的一個重要組成部分。
3. 大型水電站必須縝密的環境影響評估。

水力發電原理

1.水儲存在水庫

3.發電機藉由渦輪機轉動時產生電力

4.電力輸出至電網

發電機

水庫

渦輪

尾水

2.水落下帶動渦輪運作

三峽水電站

墨脫水電站

胡佛大壩

1-7 生物質能

生物質能 (biomass energy) 本質上是綠色植物通過光合作用轉化儲存下來的太陽能。

那裡有太陽，那有土壤、空氣和水分，那裡就有綠色植物，也就是那裡就有生物質能。只要太陽存在，綠色植物的光合作用就永不停止，所以生物質能永遠不會枯竭。

生物質能具有低碳、清潔、安全、成本低、覆蓋廣、可再生等特點。廣義的生物質能泛指利用生物技術和能源環境技術，通過物理、化學、生物等形式，將可再生原料作物或農林廢棄物、生活垃圾及畜禽糞便等生物質廢棄物，轉化為生物燃料、綠色塑膠和可再生化學品等替代性民生消費產品。

有人質疑，生物質能使用過程中也會有碳排放，為什麼也可以稱為綠色能源？

化石燃料通過燃燒或降解把原為地下的固定碳釋放出來，並以二氧化碳的形式內徑於大氣環境，從而造成溫室效應。自然界以綠色植物為樞紐的碳循環中碳是經過光合作用進入到生物界，生物界的碳又通過即燃燒、降解和呼吸途徑又回到自然界，從而構成碳循環的閉環。碳在循環中是否能夠達到總量平衡，根本取決人類自身的活動，若人類毫無節制地毀林開荒，自然界中的碳只會越來越增加，溫室效應不可避免了導致全球氣候災難，反之，如果人類大力利用宜林荒山、荒地和灘塗來種植綠色植物，用生物質能代替或完全取代化石燃料的使用，則大氣中的二氧化碳不僅不會增加，反而會減少，因為有越來越多的固定碳可以儲存在綠色植物之中，這也符合「碳中和」的因應氣候變遷的終極訴求。

生物質能發展是「生物經濟」取代「化石經濟」的主要推力，就像「氫經濟」接棒「碳經濟」一樣，有可能將成為新經濟型態，對推動能源革命和綠色發展具有重要意義。日本、美國、歐盟等國家和地區高度重視「生物經濟」「氫經濟」「氫能社會」的建設，積極進行前瞻戰略部署，以擴大生物質能源在能源系統中的佔比，不僅有助於因應氣候變化和能源挑戰，更可創造新就業，發展新經濟型態。

要點百寶箱

1. 生物質能源本質上是太陽能。
2. 發展生物質能符合碳中和的訴求。
3. 生物經濟取代化石經濟。

綠色植物的生物質能

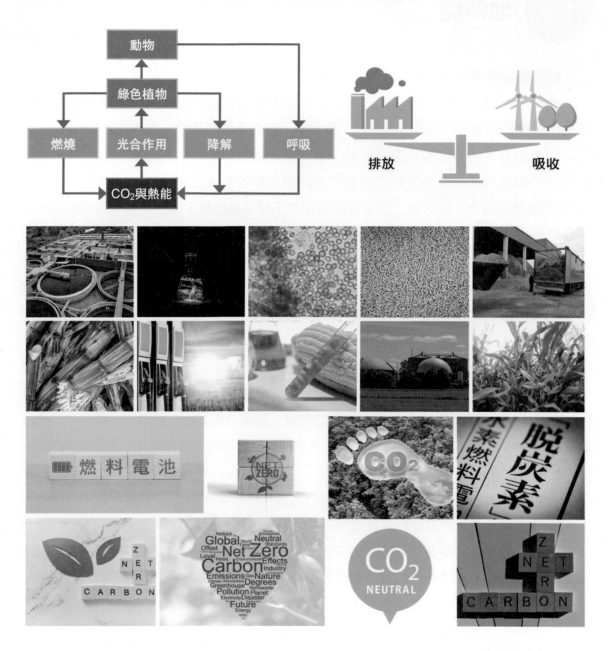

1-8 地熱能

　　地熱能 (geothermal energy) 是由地殼抽取的天然熱能。

　　地球本身是一個龐大的熱庫，內部溫度高達攝氏 7,000 度，蘊藏著巨大的熱能，通過火山爆發、岩層的熱傳導、溫泉以及載熱地下水的運動等途徑，將熱能送向地表。

　　按照溫度，地熱資源可分為三類，溫度大於 150°C 的地熱以蒸汽形式存在，叫高溫地熱；90°C ～ 150°C 的地熱以水和蒸汽的混合物等形式存在，叫中溫地熱；25°C ～ 90°C 的地熱以溫水、溫熱水、熱水等形式存在，叫低溫地熱。高溫地熱供發電利用，低溫地熱適合供暖和製冷。

　　按埋藏深度，地熱能也可分為三類，200 公尺以內的為淺層地溫能；200 ～ 3,000 公尺的稱為常規地熱能；3,000 ～ 10,000 公尺的稱為乾熱岩或增強型地熱能。據估計，儲存於地球內部的熱量約為全球煤炭儲量的 1.7 億倍，當然，這些地熱能不可能全部被開採和利用。

　　全球地熱資源分佈並不均勻，高溫地熱資源基本上沿大地構造板塊邊緣的狹窄地帶分佈，形成著名的四個環球地熱帶，即環太平洋地熱帶、地中海 - 喜馬拉雅地熱帶、紅海 - 丁灣 - 東非裂谷地熱帶及大西洋中脊地熱帶。高溫地熱多存在於地質活動性強的全球板塊的邊界，即火山、地震、岩漿侵入多發地區，如著名的冰島地熱田、紐西蘭地熱田、日本地熱田等。

　　人類對地熱能資源的開發利用已超過 4,000 年的歷史，自古羅馬時代起，地熱就被用來加熱空間，而目前則以地熱發電為發展趨勢，地源熱泵以 1kW 的電力可帶出 2.5kW 的淺層地熱能，地熱發電平均利用效率高達 73%，是太陽光伏發電的 5.4 倍、風力發電的 3.6 倍。2020 年全球地熱發電總裝機容量為 15.95GW，其中，美國地熱發電裝機容量居全球首位，裝機容量為 3.7GW，生產電力 18,366GWh/a。

要點百寶箱

1. 按溫度分，地熱分為高溫地熱、中溫地熱、低溫地熱。
2. 按深度分，地熱分為淺層地熱、常規地熱、乾層岩地熱。
3. 台灣位於環太平洋地熱帶。

地熱發電技術

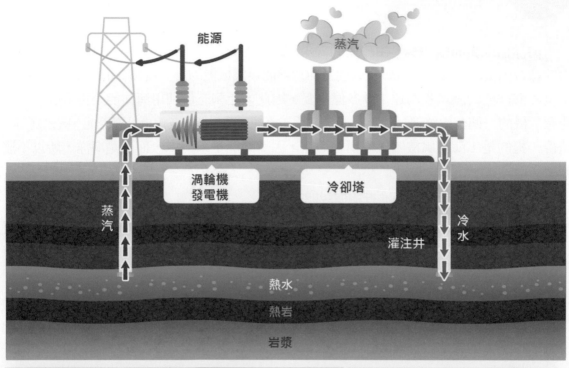

冰島內奈斯亞威里爾地熱電站

冰島的奈斯亞威里爾地熱電站

1-9 海洋能

　　海洋佔地表面積 71%，由於受到太陽輻射、地球自轉的科氏力，以及星球間萬有引力等綜合因素的影響，產生豐富的能量而以熱能與機械能的形式蓄積在海水裏。據估計，全世界海洋能的蘊藏量高達 780 多億千瓦，因此，能夠充份利用海洋能不啻是解決人類能源危機的一個有效路徑。海洋能主要包括洋流能、潮汐能、波浪能、溫差能、鹽差能等。值得一提的是，海上風機雖然建構在海上，因為其能量來自風，而不是海洋，所以不屬於海洋能。

　　以下對不同型態海洋能進行梳理說明。

- 洋流能：海流發電是利用海洋中的洋流流動推動水輪機發電，一般在海流流經處設置截流涵洞的沉箱，並在其中設置一座水輪發電機，視發電需要增加多個機組，惟於每組間需預留適當的間隔以避免紊流互相干擾。

- 海水鹽差能：在淡水與海水混合的河口，與鹽度梯度相關的能量可以利用減壓逆滲透技術和相關的轉換技術被加以利用；此外，亦有採用基於重力方向淡水上湧通過一個浸泡在海水中的渦輪發電系統的設計。

- 海洋溫差能：利用海洋的表層海水與深層海水之間不同的溫度，透過溫差汽化工作流體帶動渦輪機發電。一般在熱帶地區，地層與 1000 米深之海水溫差可達 25℃。

- 潮汐能：潮汐發電就是利用漲潮與退潮高低變化來發電，與水力發電原理類似。當漲潮時海水自外流入，推動水輪機產生動力發電，退潮時海水退回大海，再一次推動水輪機發電。

- 波浪能：風吹過海面形成波浪，而波浪起伏造成水的運動，此運動包括波浪運動的位能差、往復力或浮力產生的動力來發電。波浪能是海洋能中能量最不穩定又無規律的能源。

　　基本上，海洋能是綠色能源發展的處女地，仍有許多困難必須克服與摸索，例如開發過程進行生態調查以及縝密環境影響評估，包括海洋生物被潮汐渦輪葉片撞擊的風險、海洋能設備的電磁場對水下生物的影響等。

要點百寶箱

1. 海上風力發電也不是海洋能的。
2. 海洋能自於太陽輻射、地球自轉及萬有引力。
3. 海洋能是機械能的一種。

海洋能源種類

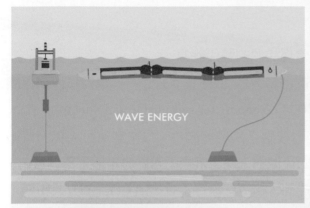

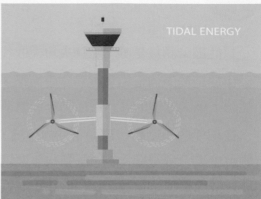

浙江舟山MW級海洋潮流能發電機組

1-10 核能

核能被公認為是唯一能夠大規模取代常規能源的替代能源。

由於迫於氣候危機與俄烏戰爭衝擊，歐洲議會於 2022 年 7 月 6 日通過將核能列為綠色能源，納入歐盟的「永續活動分類標準 (EU taxonomy for sustainable activities)」。

從環境的角度看，煤和石油的燃燒，造成嚴重的環境污染，以全球第二大火力電廠發的台中火力發電廠為例，每到秋冬大氣對流減弱之際，電廠的霧霾經常籠罩整個城市，對居民健康造成嚴重危害。核能作為綠色能源，核電站運行不會排出 CO_2、SO_2 及粉塵，統計結果顯示，法國因電力供應主要依靠核能，其 CO_2 排放量只有周圍鄰國的 15%。

核電廠的結構究竟是長怎麼樣呢？今天我們來一探究竟！

核電廠的結構主要分為兩部分，一部分是利用核能產生蒸氣的核島 (nuclear island)，另一部分是利用蒸氣發電的常規島 (conventional island)。核島位於橘色建築物之內，也叫做圍阻體 (containment building)，它的功用是保護裡面的反應爐跟蒸氣產生器 (steam generators) 等設備，而在圍阻體的中心核子反應爐 (reactor) 是整個核電廠的心臟，反應爐內有燃料棒 (control rods)，燃料棒進行核分裂產生大量熱能加熱蒸氣產生器裡的水成為高溫高壓的水蒸氣，水蒸氣經過管線離開核島進入常規島後推動推動渦輪機 (turbine)，旋轉的渦輪機帶動發電機 (generator) 而產生電能，電能經過變壓器 (transformer) 進行電力調節後便可透過高壓電塔將其輸送出去；右邊有點像火山的錐形建築物叫做冷卻塔 (cooling tower)，它是核能電廠的循環水冷卻裝置，為了獲得源源不絕的冷卻水，一般核能電廠都會設在海邊、大湖或大河邊，以確保核電廠安全運轉。

要點百寶箱

1. 核能屬於綠色能源。
2. 核能電廠一般設置在海邊、湖邊或河邊。
3. 核能可大規模取代常規能源。

核能電廠原理

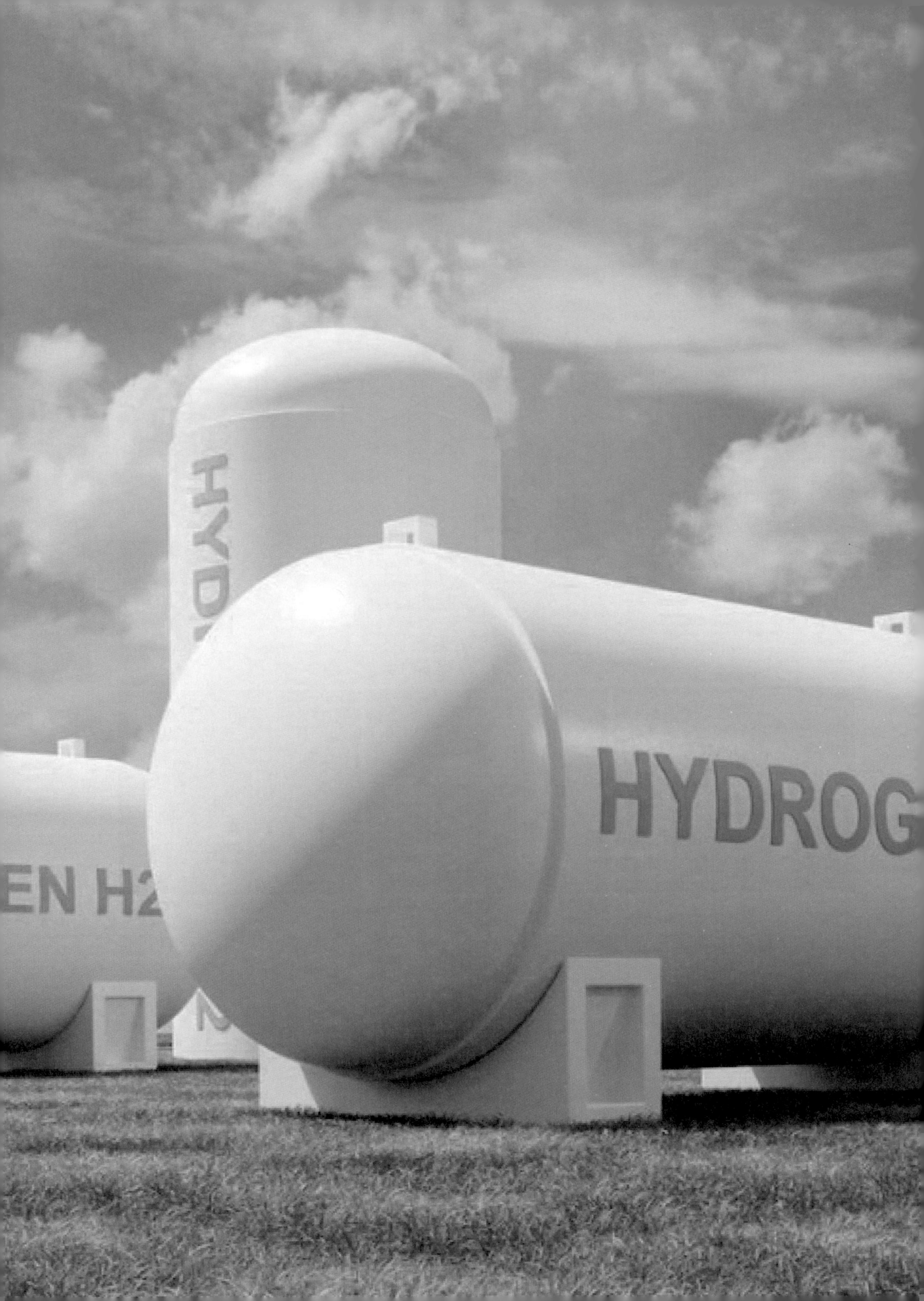
HYDROG
EN H2

綠氫

氫真的是綠色能源嗎？

那要看它從哪兒來、怎麼用。

綠氫正成當前全球綠能發展的焦點。

截至 2022 年底，全球已有約 70 個在建的綠氫項目，其中 GW 級項目已超 22 個。

近年來，美洲、歐洲、亞洲、大洋洲的主要經濟體競相出台氫能戰略，特別是新冠肺炎疫情下，氫能被認為是推動經濟綠色復甦、應對氣候危機的重要推手。

2-1 氫的用途

　　氫氣是最輕的氣體，是氫元素標準狀況下以氣態形式存在的物質，化學式為 H_2，由兩個氫原子構成，又稱分子氫。

　　1766 年由英國科學家卡文迪許 (H. Cavendish) 發現了氫元素。1787 年，卡文迪許把這種氣體命名為「Hydrogen（氫）」，意思是"產生水的"，並確認它是一種元素。

　　氫的工業應用已經超過一甲子，廣泛用作為工業原料與製程：

1. 在石油工業中，通過和氫化裂解來提煉原油，同時通過加氫脫硫升級油品。

2. 在化學工業中，氫是氨、甲醇、鹽酸合成的原料；此外，在民生用品中，許多化妝品，洗滌劑，香料，甚至於維生素等也都是以氫為原料。

3. 在食品工業中，氫是人造奶油與食用油改質的重要原料。

4. 在冶金工業中，氫是重要的還原劑。

5. 半導體工業中，氫作為氣氛氣體，是矽棒長晶的重要原料；此外，矽晶圓製造中，在氮氣保護氣中加入氫以去除殘餘的氧。

6. 在航天工業方面，液氫長久以來便是推進火箭的燃料。

　　全球暖化造成的氣候危機越演越烈，而隨著製氫技術以及以氫為燃料的燃料電池技術愈發成熟，作為無碳能源使用的氫氣，使用量將會大幅提升，促使氫成為名副其實的綠色能源載體。

要點百寶箱

1. 氫氣的工業用途廣泛。
2. 氫的火焰是無色的，輻射熱低。
3. 氫的能源用途正在蓬勃發展。

氫的用途

航天工業

冶金工業

食品工業

光纖製程

石油工業

半導體工業

人造奶油

甲醇合成

propyl alcohol

2.5 Liter

Ammonia solution 25%

NH₄OH   M.Wt 17.03 g/mol

氨合成

洗滌劑

2-2 氫能的魅力

　　作爲能源，氫極具競爭力，氫能魅力如下：

1. 生態友好：與傳統化石燃料不同，氫氣和氧氣可以通過燃燒產生熱能，也可以通過燃料電池轉化成電能。而在氫轉化爲電和熱的過程中，只產生水，並不產生溫室氣體或其它污染排放。

2. 利用能效高：氫非單位重量所含有的能量相當高，是天然氣的 2.53 倍，是汽油的 2.79 倍；1 公斤氫氣大約與 1 加侖的汽油所含能量相當，一直以來是航天火箭動力的燃料。

3. 儲運靈活便利：與化石燃料不同，氫能是二次能源，可以通過分解天然氣、石油、煤和水來製造。而除了氣態，氫氣還能以液態或固態氫化物出現。在 –263℃ 液化時，氫的體積會減少到原來的 1/800，在高壓罐中壓縮后，便於儲存和運輸。

4. 安全性佳：氫氣擴散速率快，洩漏後會快速散開而在空氣中稀釋掉，因此發生火災的風險比汽油或天然氣來的低。氫無毒性，不會污染地下水，也不會產生煙霧而污染空氣，燃燒後產物只有水，相對地，汽油或天然氣燃燒後部分產物具有毒性，同時也會產生溫室氣體。

5. 來源廣泛：氫氣來源廣泛，只要是含有氫的化合物就是氫源，通過不同的方式可以將氫分離出來使用，水電解水製氫、改質天然氣製氫，甚至綠藻的光化學反應也可以製氫。

 要點百寶箱

　1. 氫是二次能源。
　2. 氫能是因應氣候危機的良方。
　3. 一公斤氫氣大約與一加侖的汽油所含能量相當。

氫能的魅力

氫氣一公斤＝33.2kWh　汽油一加侖＝33.8kWh

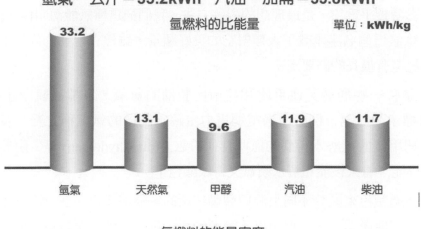

氫燃料的比能量　　　　　　單位：kWh/kg

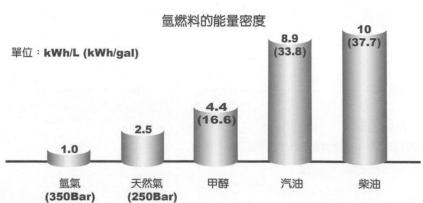

氫燃料的能量密度

單位：kWh/L (kWh/gal)

2-3 氫是什麼顏色？

氫是什麼顏色？一般人回答是「無色」。

沒錯，氫是一種化學元素，在元素週期表排序第一，它無色無味無臭，極易燃燒，是由雙原子分子組成的氣體。

不過，就像食品的生產履歷一樣，現在人們開始關注氫的來源，於是將其塗抹上不同的顏色，以展現其價值，其中最有代表性的是根據氫生產過程碳排放情況來進行顏色標示的命名方式。

通過化石燃料改質制氫，是目前最常見的一種氫氣生產方式，這種方式碳排放嚴重，從天然氣來的稱爲「灰氫」(grey hydrogen)，從煤炭來的叫「棕氫」(brown hydrogen)；如果使用碳捕存用技術 (CCUS) 來處理製氫過程中的碳排放問題，以降碳排放，如此，可以大大提升氫的外部效益，一般稱之爲「藍氫」(blue hydrogen)。

更進一步，當氫源來自水，能源全部來自再生能源，此時，氫能的外部效益非常高，對環境影響幾乎爲零，是最理想的製氫方法。我們把這種氫能源叫作「綠氫」(green hydrogen)。綠氫這個名字承載了人類對它的美好願景，雖然在目前的條件下，要想大規模地製備綠氫還有很長的路要走。

目前，還有一些通過其他手段和技術所製備的氫氣，也都被賦予了各種不同的顏色，加以標示、區隔，例如通過電網電力電解水制得的氫氣稱之爲「黃氫」(yellow hydrogen)，利用核能電解水得到的氫叫作「粉氫」(pink hydrogen) 等。由於近期歐盟又將核能列爲綠能，看來核能電解水製氫又得改顏色了。

總之，通過顏色來區分不同來源與製備技術的氫氣將成爲一套行業通用名詞，就像有機農業與非有機農業一樣，但如果不瞭解的人，第一次聽到應該會一頭霧水，不過隨著時間應該都會慢慢的接受的。

✦ 要點百寶箱

1. 氫氣本身是無色的。
2. 依照氫氣的來源，人們賦予氫氣不同的顏色。
3. 綠氫是人類終極的能源載體。

氫的顏色

	綠氫	灰氫	藍氫	褐氫	粉氫	黃氫
氫源	水	水，天然氣	水，天然氣	水	水	水
能源	再生能源	天然氣	天然氣	煤炭	核電	網電
技術	電解	改質	改質/CCUS	氣化/改質	電解	電解

綠氫	灰氫	藍氫	褐氫	粉氫	黃氫
再生能源	天然氣		煤	核電	電網
電解	蒸氣重組	碳捕集&封存	氣化	電解	電解
H₂	H₂	H₂	H₂	H₂	H₂

2-4 綠氫是什麼？

綠氫是指利用再生能源製得的氫氣。

簡言之，綠氫的氫源來自水，綠氫的能源來自太陽。

目前的主要是使用太陽光電、風電、水電通過電解水來製取綠氫，此外，近年來還衍生了一些尚處於研發階段的新型綠氫製備技術，如太陽能熱解製氫、光解水製氫、光電化學用製氫等。

就綠氫的氫源而言，氫是合成水的元素之一，地球水量的分布情形中，海洋的水量總共為 1.413×10^{18} 公斤，陸地上的水則為 0.51×10^{18} 公斤，大陸冰層的水總共為 22.85×10^{18} 公斤，水蒸氣 0.015×10^{18} 公斤，整個地球上總共為 1.436×10^{18} 公斤的水。這些水的體積相當於一個邊長為 1,128 公里的立方體，也就是約六分之一地球半徑的立方體 (地球半徑約 6,370 公里)。因此，水可說是地球上取之不竭的氫源，沒有之一。

就綠氫的能源而言，目前全球能源消耗約 3.4×10^{20} 焦耳／年，只佔太陽輻射到地球表面上能量 3.7×10^{24} 焦耳／年的萬分之一而已。如果將其轉換為氫的能量，大約需要 2.8×10^{12} 公斤的氫氣，也就是相當於 2.5×10^{10} 立方公尺的水，這些水即使與地球上所存在的水蒸氣相比也只有 0.17% 而已。因此，利用太陽能可以將水製作氫氣是取之不盡的綠色能源。

隨著再生能源發電成本持續下降，規模不斷放大、以及技術進步，綠氫成本將持續下降，不久將來我們就可以利用地球上取之不盡的水與用之不竭的日照獲取便宜的氫能，使綠氫成為更具經濟性的能源。

綠氫是能夠同時解決環保與能源枯竭問題的終極能源載體。

要點百寶箱

1. 綠氫的能量來源是太陽。
2. 綠氫是人類終極能源載體。
3. 有水有太陽就有綠氫。

綠氫的旅行路徑

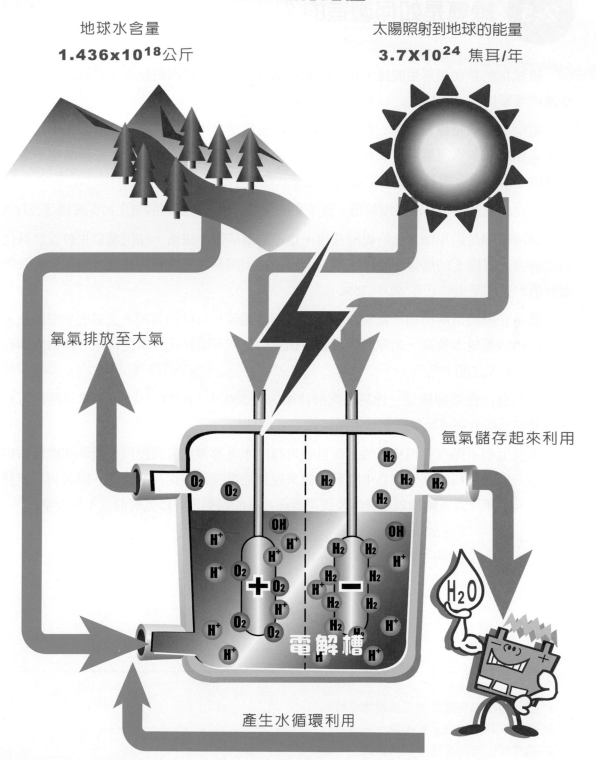

地球水含量
1.436x10^{18}公斤

太陽照射到地球的能量
3.7X10^{24} 焦耳/年

氧氣排放至大氣

氫氣儲存起來利用

O_2 O_2 H_2 H_2 H_2

H_2

OH H_2 **OH**

H^+ H^+ H_2 H_2 H^+

H^+ O_2 H^+ H_2 H_2 H_2

＋ O_2 H_2 **－** H_2 H_2O

H^+ H_2 H_2

H^+ O_2 O_2 H_2 H_2 H^+

電解槽

H^+ H^+

產生水循環利用

2-5　綠氫是如何製造的？

　　綠氫指的是使用再生能源，如太陽能、風能、核能等制取的氫氣，它可以做到全生產週期無碳排。

　　電解水制氫是綠氫生產的重要途徑之一，也就是水在電解槽內用電解的化學過程生成氫氣和氧氣。水電解是正氧負氫的電化學過程，在直流電的作用下，正極的電子會往負極跑，負極附近與質子發生析氫還原反應。

　　常見的電解槽包括鹼液電解槽、質子交換膜電解槽，以及固態氧化物電解槽等三種。

　　鹼液電解是最早商業化的電解技術，也是最爲成熟的技術，採用氫氧化鉀或氫氧化鈉電解液，電極上的觸媒一般採用鎳基金屬，必須過濾才能夠獲得高純度的氫氣。鹼性電解槽的效率是大約在率 60 ～ 75%。

　　質子交換膜電解槽用全氟磺酸膜作爲電解質隔膜，可提供高純度氫氣而無需純化，缺點在於裝置成本較高，如電解質薄膜與鉑極催化劑，限制了其廣泛使用。轉換效率約在 65 ～ 90% 之間。

　　固態氧化物電解槽是一種高溫電解技術，在 500 ～ 1,000°C 高溫下，水以蒸汽方式呈現很容易就分解成氫氣與氧氣，系統效率可達 90%。

　　綠氫生產不僅沒有污染排放，而且也可藉由水電解製氫來調節再生能源間歇性的供電型態，也就是利用綠氫作爲中間載能體來達到能量調節與儲存的目的。隨著再生能源發電成本逐漸降低、轉換效率提高及使用壽命延長的趨勢下，綠氫的前景不可限量。

要點百寶箱

1. 目前綠氫的製造技術主要為水電解。
2. 技術成熟的鹼液電解製氫。
3. 固態氧化物為高溫水電解技術。

綠氫的製造技術

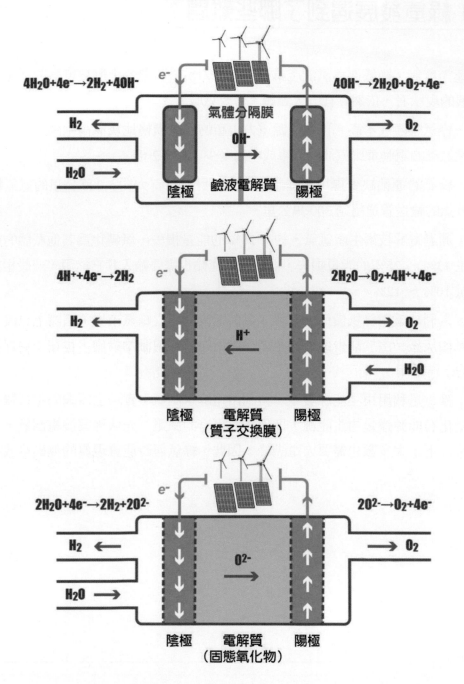

2-6　綠氫發展遇到了哪些難題？

　　從長遠角度看，綠氫作為氫能產業未來的主力，終將要登上歷史舞臺。不過，從目前綠氫發展的現狀看，依然存在五大難題，需要克服。

　　第一，綠氫生產成本高。再生能源電力生產的綠氫價格比灰氫高兩到三倍，使用燃料電池和儲氫罐的電動車比汽油的汽車成本高至少 1.5 到 2 倍。

　　第二，綠氫的運輸缺少專用基礎設施。全球目前只有大約 5,000 公里的氫氣輸送管道，而天然氣的輸送管道超過 300 萬公里。

　　第三，通過電解技術生產氫氣，約有 30% 的能量損失，氫轉化為其他載體的過程中可能會產生 13% ～ 25% 的能量損失，而且氫氣運輸也需要輸入其它能源，一般相當於氫能自身能量 10% ～ 12%。

　　第四，人們缺乏對綠氫價值的認識。目前還沒有建立綠氫市場，國際上也沒有標準來區分綠氫和灰氫。由於缺少促進綠色產品應用的目標或激勵措施，也在一定程度上限制了綠氫的下游應用。

　　第五，綠氫是利用再生能源發電，再利用電解水制氫，實際上電網的電很難區分其來源到底是化石能源還是再生能源，即使是有專有的風電、光伏專案發電制氫，在用電不穩定的情況下，大多數也需要火電調峰，因此，綠氫何時能實現真的無碳排放？要打一個問號。

要點百寶箱

1. 綠氫的成本比灰氫高。
2. 水電解製氫的效率大約 70%。
3. 綠氫普及需要激勵措施。

綠氫發展的五大難題

生產成本高

能源來源很難準確區分

轉化過程產生能量耗損

輸送缺少專用基礎設施

下游市場尚待開發

Green Hydrogen

2-7 氫容易爆炸，太危險？

　　高中化學實驗課中，將試管中氫氣點燃時會「砰」地發生爆炸。但是，如果在開放空間中而不是封閉長管中則根本不會爆炸。簡單的說，如果氫氣洩漏而點燃的話，只會燃燒，而非爆炸。

　　1937 年的興登堡 (Hindenburg) 飛船燃燒事件造成了 35 位乘客死亡，人們經常會把死亡原因歸咎於氫氣爆炸，這種說法不完全正確。事實上，應該反過來看，氫的特性挽救了事件中的 62 條生命。根據貝恩 (Addison Bain) 在 1990 年代所提出的調查報告，死亡的 35 人是主要是因為跳船、灼燒、天篷和燃燒碎片等原因致死，並非因爆炸而死，其他倖存的人隨著熊熊燃燒的飛船降落，而當時明亮的氫火焰就在艇上燃燒，並沒有對他們造成傷害。如果當初飛船裝載汽油並且在高空著火的話，事故的後果就更不堪設想了。簡單地講，雖然飛船的氫燃燒過程相當迅速，火焰也是向上而且是遠離船體的，因此飛船上被燒死的人不是因為氫氣爆炸至死。實驗也證明，裝載氫氣的車子，氫氣洩漏燃燒火焰將會直竄天空而無損車體，而油箱漏油後燃燒將會燒毀整個車廂。

　　其次，氫彈對人們邁入氫能社會也造成一定程度的心理障礙。氫能社會的氫不等於氫彈，它是用最普通同位素 - 氕，氫彈則使用氫的稀有同位素 - 氘或氚，兩者完全不同。氫彈是將在氚核分裂的爆震下所產生的高溫環境下而產生核融合反應，氫彈所使用的氚具有放射性，自然界並不存在，必須經由反應器製造而得，這項技術與氫能社會中所討論的氫的簡單化學反應是完全不同的。

🏛️ 要點百寶箱

1. 興登堡飛船事件使氫蒙了不白之冤。
2. 興登堡飛船事件中死亡 35 人，皆非因為爆炸而死。
3. 氫的安全性不低於天然氣、液化石油氣或汽油。

氫的安全性

興登堡災難人員死亡的主因並非氫爆炸

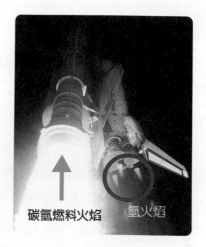
碳氫燃料火焰   氫火焰

氫彈的氫與氫能社會的氫完全不同

這兩張照片比較點燃漏氣的氫氣罐與漏油的油箱火災狀況
著火60秒後照片，氫火焰已逐漸消退，而汽油火焰愈加激烈；
經過100秒，所有的氫火焰消失和車內完好無損，
汽車則持續燃燒了幾分鐘，並完全燒毀。

2-8 氫是如何定價的？

「氫氣是否比汽油貴」？這是我們經常會聽的問題。

要回答這個問題之前，我們必須確立一個合理的比較基準，也就是必須將氫與其它能量載體放在同一天秤上去比較。

一公升汽油和一公升柴油的何者貴？這樣的比較是合理的，因為，它們都用在內燃機引擎。

然而，用一公升天然氣和一公升氫氣的價格來比價，這就有待商榷了，因為兩者使用的能量轉換技術不同。

那麼我們要如何將氫氣與其它燃料作比較呢？如果是車輛，最簡單的方式就是比較行駛每公里的成本，如果是發電機，那就比較每度電的發電成本。

汽油引擎的平均效率只有 15 ～ 18%，而燃料電池將氫轉化為電的效率高達 50%，這意味著，使用相同的能量，氫燃料電池車比汽油引擎車行駛更遠的距離，豐田的 Highlander 每加侖汽油可以行駛 32 公里，而與汽油相同能量的氫用在豐田燃料電池車 FCHV 上卻可以跑超過 100 公里，換句話說，用汽油每驅動行進一公里所需要的能量將數倍於氫。

根據美國能源部的分析，2006 年分散型天然氣改質製氫的成本大約是每公斤 3.0 美元，每加侖汽油零售價格為 3.33 美元，一公斤氫氣與一加侖汽油所含能量相去不遠，由於燃料電池比汽油引擎的效率高出 2 ～ 3 倍，也就是行駛一公里所使用氫氣只相當於汽油價格的 1/3 到 1/2。當然，加到燃料電池車儲氫槽的氫燃料的價格會比較高。根據美國能源部預估，到 2015 年製氫成本將可降到每公斤 2.0 美元，而未來汽油的價格只會更高不會降低，當兩者愈拉愈遠的時候也就是氫經濟到來的時候。

要點百寶箱

1. 製氫成本下降，汽油價格攀高，兩者差距愈來愈大。
2. 進入氫經濟的第一階段製氫以天然氣改質最有機會。
3. 車輛燃料的比較基準是每公里燃料成本，發電機燃料則是每度電的成本。

氫氣的價格

氫氣與汽油的能量

1公斤氫氣的能量　33.2 kWh

1加侖汽油的能量　33.8 kWh

氫氣與汽油的效率

1公斤氫氣行駛距離　102 km*

1加侖汽油行駛距離　32 km*

氫氣與汽油的價格

2015年　　2006年

1公斤氫氣的成本

US$2.0**　　US$3.0

1加侖汽油的價格

US$3.33***

* 以Toyota Highlander(汽油)與FCHV(氫氣)為例
** 美國能源部成本目標
*** 2008/01/07美國加州地區普通汽油平均零售價格

2-9 氫從哪裡來？

　　不考慮顏色的話，氫的來源相當廣泛，只要是含有氫的化合物就是氫礦，這裡面包含水。

　　目前工業用氫氣主要是使用化石燃料改質技術生產而得，也就是所謂的灰氫或褐氫，它是利用熱化學的「改質」(reforming) 技術將碳氫燃料與水中的氫分離出來，這些碳氫燃料以天然氣或液化石油氣為主，改質程序是在碳氫燃料中注入高溫水蒸汽，反應後變為氫氣、一氧化碳及二氧化物的混合氣體，然後再加以分離、純化得到灰氫。如果將改質過程中的二氧化碳進行 CCUS，則可將灰氫升格為藍氫，而如果使用纖維素酒精、生質柴油等液態生物燃料取代天然氣，如此，藍氫更進一步升格為綠氫。蒸汽改質技術是目前生產氫最為經濟有效率的方法。

　　氫也可以從水電解而來。集中型電廠用火力、水力、核能發的電，雖不能直接推車子，用其來電解水產生氫氣後，便可推動燃料電池車。如果水電解器直接接上太陽能電池，如此，綠氫就可以源源不斷地產生。

　　生物技術也是重要製氫方法之一，綠藻或光合細菌的光合作用可以將太陽能轉化成為氫能，厭氧細菌可以分解農作物秸稈和有機廢水中得到氫氣。生物技術制氫未來有可能會成為一個氫的重要來源。

　　氫經濟的氫氣來源必須依照技術與經濟可行性規劃，一般而言，目前第一階段氫氣的來源仍必須仰賴化石燃料，也就是灰氫或藍氫，而目前全球都在積極推動綠氫技術，一旦水電解技術成熟，太陽光電與風力發電成本降低後，則水電解來製綠氫自當水到渠成。生物技術製氫則是列為長期綠氫製造技術。

🗃️ 要點百寶箱

1. 天然氣改質製氫成本低。
2. 水是地球最大的氫礦。
3. 生物技術製氫與光電化學製氫為長程技術。

多元化的氫源

從化石燃料而來

從再生能源而來

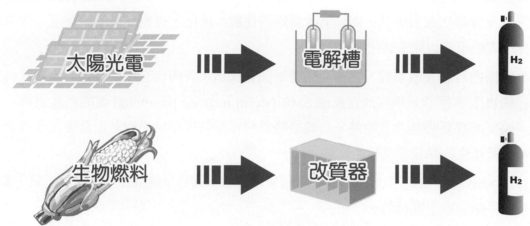

從核能而來

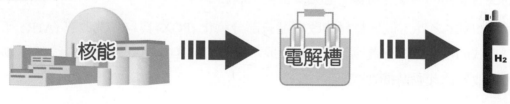

從生物技術而來

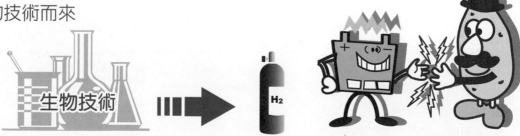

2-10 如何將天然氣改質成氫氣？

目前燃料電池所使用的氫氣主要是從碳氫燃料將氫分離出來，如天然氣、液化石油氣、汽油等，也就是灰氫。

目前常用技術就是改質 (reforming)，改質顧名思義，就是將燃料的本質加以改變的意思，是生產氫最為經濟有效率的方法。

天然氣與液化瓦斯一般都會添加臭劑作為氣漏偵測之用，這些臭劑含有硫磺的化合物，硫本身會毒化改質觸媒，而降低改質器的性能，因此，這些燃料氣體在進入改質器之前會設置脫硫器以除去硫化物。

改質器內有許多改質管，它是一個雙層圓管構造，管內含有甲烷觸媒，天然氣與水蒸氣在觸媒上進行蒸氣甲烷改質反應 SMR (steam methane reforming) 而成為氫氣與一氧化碳，此反應需要吸收大量的熱，一般是將燃料電池陽極尾氣與空氣混合後在改質管外側燃燒，所產生的熱量提供管內反應所需。

其次，觸媒層內的一氧化碳也會和水蒸氣進行水氣轉移反應而產生氫氣與二氧化碳，兩者是在平衡狀態下進行的。

改質器出口的富氫氣體中含有一氧化碳，一氧化碳是造成燃料電池觸媒毒化的主因。一般而言，進入磷酸燃磷酸電池的改質氣體所含的一氧化碳濃度必須低於 1%，而質子交換膜的改質氣體的一氧化碳濃度必須降低至 10ppm 以下。

除了 SMR 之外，碳氫燃料的改質還有部分氧化 (POX) 與自熱式改質 (ATR) 等。每種改質方式的反應效率、起動時間、以及成本皆不同，其中蒸氣改質的製氫效率比較高，部分氧化改質的起動時間比較短。

🏠 要點百寶箱

1. 天然氣可以改質為氫氣。
2. 改質為吸熱反應。
3. 硫磺會污染改質器的觸媒。

天然氣改質製氫技術

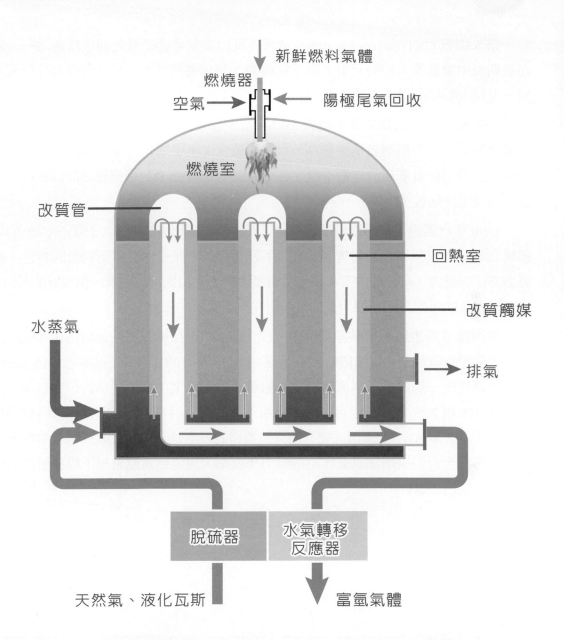

新鮮燃料氣體

燃燒器

空氣 →

← 陽極尾氣回收

燃燒室

改質管

回熱室

改質觸媒

水蒸氣

→ 排氣

脫硫器

水氣轉移
反應器

天然氣、液化瓦斯

富氫氣體

脫硫反應
$$C_2H_5SH+H_2 \rightarrow C_2H_6+H_2S，\Delta H=-70.2kJ/mol$$
$$H_2S+ZnO \rightarrow ZnS+H_2O，\Delta H=-76.6kJ/mol$$

蒸氣改質反應
$$CH_4+H_2O \rightarrow CO+3H_2，\Delta H=206KJ/mol$$

水氣轉移反應
$$CO+H_2O \rightarrow CO_2+H_2，\Delta H=-41kJ/mol$$

2-11 高儲氫率的奈米碳管技術

奈米碳管 CNT(carbon nanotube) 儲氫被視為未來可能輕量化儲氫技術之一。碳元素在周期表中屬於第六輕的元素，原子量為 12，用碳替代其他比較重的金屬作儲氫合金使用，可以大幅提高儲氫能量密度。

奈米碳管可分為單壁奈米碳管 SWNT 及多壁奈米碳管 MWNT。前者僅由一層碳原子繞合形成管柱，結構對稱性極高，且缺陷較少。後者則是由多層碳原子捲起而成的同軸碳管，橫切面就像樹的年輪一般；各層間距為 0.34 奈米，層與層之間以凡得瓦爾力鍵結，結構中缺陷較多。

1990 年代透過電子顯微鏡下觀察發現到陰極堆積物中的碳 - 六十原子 C-60 的足球狀結構之後，全世界各地的研究者積極地利用碳 - 六十原子作各種新物質的特性、應用與製造方法的研究。高分散的奈米碳管具有很大的表面積則可以成為一個很好的吸附材料，特別是在氫的吸附方面，將大量的氫吸附在奈米碳管的管壁上。

美國國家再生能源實驗室與 IBM 公司於 1997 年採用程式控溫脫附儀 TPDS 測量單壁奈米碳管的載氫量，從實驗結果推測在 130K、4×10^4Pa 條件下的載氫量為 5-10wt%，這是全世界第一篇關於奈米碳管儲氫的報導。然而後來美國能源部的研究發現，在室溫下，SWNT 根本沒有辦法達到作為燃料電池車的儲氫材料的 6wt% 儲氫量的技術指標，因此，決定放棄 SWNT 後續研究。而目前選擇的方案是在單壁式碳奈米管中摻雜一些金屬而成為混合材料來增加氫氣吸附的動力學效率，而達到室溫常壓下吸放氫的目標。這項研究目前仍在進行中。

要點百寶箱

1. 奈米碳管可吸附氫分子。
2. SWNT 無法在低溫下吸放氫。
3. 奈米碳管參雜金屬可大幅增加吸氫量。

奈米碳管儲氫技術

單壁奈米炭管儲氫模型

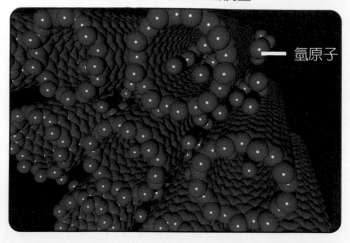

氫原子

奈米炭管其它應用

高解析度掃描式電子顯微鏡的探針

高亮度、低耗電的平面顯顯示器

奈米炭管結構

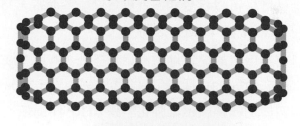

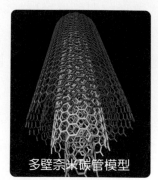

多壁奈米碳管模型

2-12 700 大氣壓的高壓儲氫槽

續航力燃料電池車是商業化的關鍵指標之一,而儲氫瓶的儲氫量則是影響續航力的重要因素。

一般認為,燃料電池車必須具備與目前汽車相當的五百公里續航力,才能滿足消費者的需求,這樣的距離換算過來需要搭載五公斤的氫氣。

氫氣在 350 大氣壓的能量密度只有 1 千瓦時／公升,因此,必須用 8.9 倍油箱大小裝氫氣,才具備和汽油相同的能量,而燃料電池效率為汽油引擎的 2 ～ 3 倍,因此,要行駛相同的距離,儲氫槽的體積大約為油箱的 2.9 ～ 4.4 倍左右。

當氫氣壓縮到 700 大氣壓時,儲氫量可以增加到 1.7 倍 (由於高壓下分子粘性增強,能量密度並無法加倍),這時候儲氫槽體積可以再降到油箱的 1.7 ～ 2.6 倍左右,這樣大小的儲氫槽是可以接受的。就重量儲氫率而言,350 到 700 大氣壓儲氫槽的重量儲氫率大約在 3.4wt% 與 4.7wt% 之間。

目前乘用車的燃料地電池車都搭載 350 或 700 大氣壓的三型 (Type III) 或四型 (Type IV) 儲氫瓶。Type III 採用了鋁合金作為內囊,Type IV 則是使用樹脂內囊。700 大氣壓的儲氫瓶四周則纏繞碳纖維強化塑膠 CFRP 作補強,不僅耐壓且重量輕,而且可以大量生產、降低成本。這種材料的機械性能則比鋼瓶好,不僅不會腐蝕,而且可承受撞擊力是鋼瓶的 5 倍,在壓扁汽車、擠破油箱的壓力下仍然能夠安然無恙。這種複合材料儲氫槽目前已經通過德國 TUV、日本 KHK、歐盟 CE 等多項國際認證。

🎁 要點百寶箱

1. 車用 700 大氣壓的儲氫瓶為三型 (Type III) 或四型 (Type IV) 瓶。
2. 一般燃料電池車必須具備五百公里續航力。
3. 續航力與儲氫瓶的儲氫量有關。

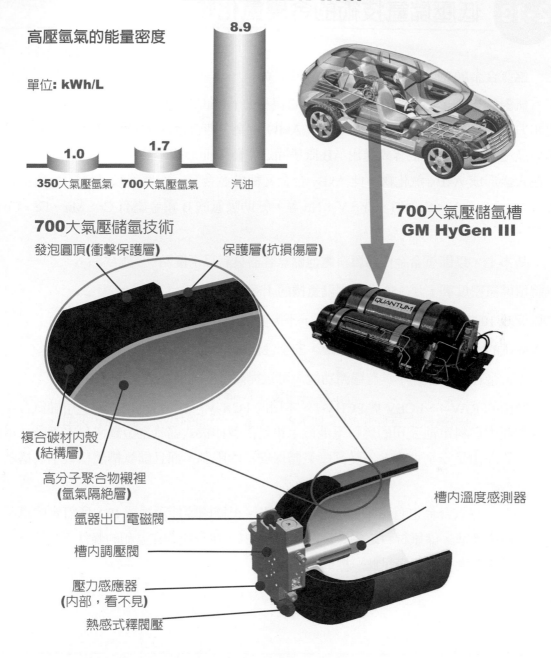

高壓氫氣儲存技術

高壓氫氣的能量密度

單位: kWh/L

1.0　350大氣壓氫氣
1.7　700大氣壓氫氣
8.9　汽油

700大氣壓儲氫槽
GM HyGen III

700大氣壓儲氫技術

發泡圓頂(衝擊保護層)　　保護層(抗損傷層)

複合碳材內殼
(結構層)

高分子聚合物襯裡
(氫氣隔絕層)

氫器出口電磁閥

槽內調壓閥

壓力感應器
(內部,看不見)

熱感式釋閥壓

槽內溫度感測器

2-13 低壓儲氫技術的金屬氫化物

儲氫合金顧名思義就是可以儲存氫的合金。

氫對於不同金屬元素之間有著不同的親和力 (affinity)。將與氫親和力強的金屬 A 與親和力弱的金屬 B，依一定比例熔合成 AxBy 合金，若合金內 A 原子與 B 原子形成規則排列晶格，氫原子便很容易進出 AB 原子間之空隙，而形成吸放氫的有利條件。當氫原子進入後形成 AxBy 氫化物，此 AxBy 合金又稱儲氫合金。作為強吸氫材料 A 類金屬主要有 Mg、La、Y、Sc、Ti、Zr、V、Nb 等，輔助吸氫的 B 類金屬有 Cr、Mn、Fe、Co、Ni 等。

基本上，以儲氫合金作為燃料電池儲氫容器具有以下優點：

1. 體積儲氫密度高，是 350 大氣壓儲氫槽的 1.8 ～ 3.5 倍。

2. 以低於 10 大氣壓的低壓下儲存氫氣，不需要高壓容器和隔熱容器。

3. 釋放氫的必須吸熱，沒有爆炸危險，安全性佳。

4. 儲氫合金在吸放氫過中具有過濾功能，可以提高氫的純度增加氫的附加價值。

豐田的 RAV-4、FCEV 與 FCHV-1、本田的 FCX-V1 等燃料電池車都使用儲氫合金，而台灣亞太燃料電池公司的燃料電池機車也是搭載插拔式儲氫合金罐。日本車廠採用儲氫合金的理由是安全性高、不受高壓氣體保安法的限制，而且儲氫槽體積較小易搭載至小型車上。

然而，儲氫合金也有重量儲氫率低的缺點。根據國際能源總署 IEA 所訂定的車載固態儲氫技術標準，儲氫材料之儲氫量應大於 5wt%，並且能夠在溫和的條件下吸放氫。目前的儲氫合金大多不能滿足此一標準。

要點百寶箱

1. 儲氫合金屬於低壓型態的儲氫技術。
2. 儲氫和金安全性佳。
3. 比儲氫率是儲氫合金技術的缺點。

低壓氫氣儲存技術

儲氫合金的能量密度

單位: **kWh/L**

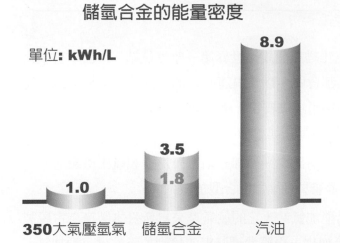

1.0	3.5 / 1.8	8.9

350大氣壓氫氣　　儲氫合金　　汽油

儲氫合金的晶格

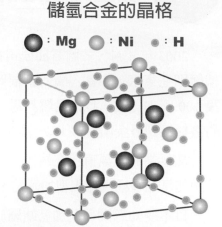

●：Mg　○：Ni　·：H

搭載儲氫合金槽的燃料電池機車
(APFCT，ZES V，2006年)

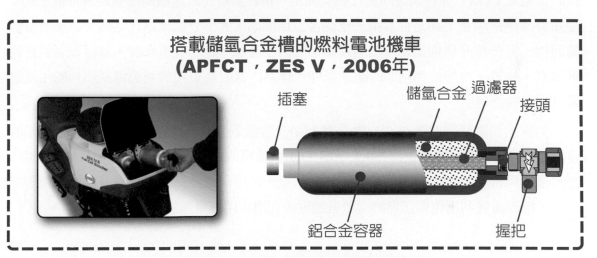

插塞　　儲氫合金　過濾器　接頭

鋁合金容器　　　　　　握把

搭載儲氫合金槽之燃料電池車
(MAZDA，Demio FCEV，1997年)

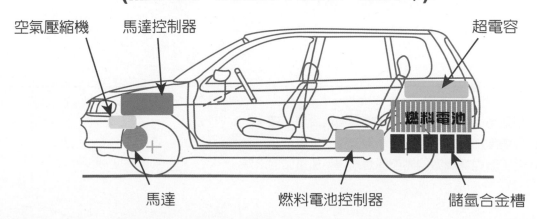

空氣壓縮機　馬達控制器　　　　　　　超電容

燃料電池

馬達　　　燃料電池控制器　　儲氫合金槽

2-14 加氫站之建構

2003 年 4 月，殼牌石油公司在雷克雅維克開設全世界第一座加氫站。目前，日本正積極則在東京、中都、關西到福岡四大都會區，以及串連四大都會區間的高速公路與建設 100 座加氫站，以滿足燃料電池車初期市場之需求，美國紐約到華盛頓之間以及加州的洛杉磯到舊金山沿線，以及歐洲一些城市都在建設加氫站。

加氫站的氫氣直接在站內生產製造者稱為現場型加氫站，而是從製氫工廠製造後運輸到加氫站者稱為離場型加氫站，而兩者兼具者稱為混合型加氫站。

日本愛知縣瀨戶北加氫站屬於離場型加氫站，它的氫氣是來自新日本製鐵名古屋製鐵的焦爐氣 COG，先在鋼廠內進行氫氣純化，再經過罐裝車運輸到加氫站供車輛加氫；愛知縣瀨戶南加氫站則是日本第一座混合型加氫站，大部分氫來自在站內天然氣改質製備而得，另一部分氫則是利用離站運輸而來的副產氫，藉由雙重來源，確保氫氣供應的可靠度，另外，由於使用輔助的離站氫能，使站內改質都市天然氣製備氫燃料的生產設備得以高效運轉。

美國加州燃料電池聯盟 CaFCP 則是利用液態氫氣運輸車載運氫氣至各個的加氫站的容器並貯儲。將液態氫氣化為250大氣壓、350大氣壓的高壓氫氣再充填至燃料電池車中。德國慕尼黑機場行駛的燃料電池巴士的液態氫，是用一般商用電力將鹼液電解槽所製造的氫。德國漢堡利用化學工場的副產氫加壓後利用專用拖車運送至加氫站作運用。

🏛️ 要點百寶箱

1. 加氫站可分成現場型、離場型與混合型三種。
2. 現場型加氫站主要有天然氣改質與水電解。
3. 化工廠與煉鋼廠的副產氫是離場型加氫站的來源。

加氫站的建構

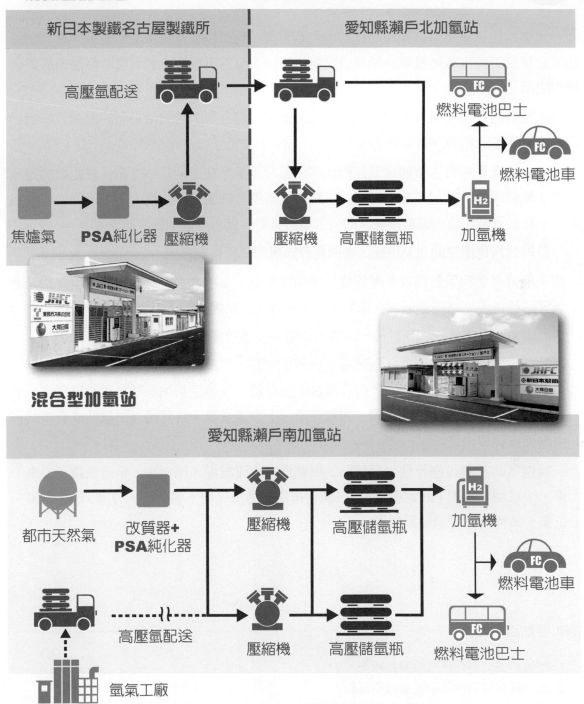

離場型加氫站

新日本製鐵名古屋製鐵所 ┊ 愛知縣瀨戶北加氫站

高壓氫配送

燃料電池巴士

燃料電池車

焦爐氣　**PSA**純化器　壓縮機

壓縮機　高壓儲氫瓶　加氫機

混合型加氫站

愛知縣瀨戶南加氫站

都市天然氣　改質器+**PSA**純化器　壓縮機　高壓儲氫瓶　加氫機

燃料電池車

高壓氫配送　壓縮機　高壓儲氫瓶　燃料電池巴士

氫氣工廠

2-15 氫氣輸送網路之建構

加氫站的氫氣可以直接在加氫站內生產製造，也可以從氫氣工廠製造後運輸到加氫站。在氫氣工廠生產的氫氣必須經過壓縮、儲存、分送等程序才能到燃料電池車的儲氫槽內使用。

由於氫的體積能量密度相當低，因此，輸送、儲存與配送到使用點的能源效率低，將成為氫基礎設施的一項重要的成本。

氫氣生產策略會影響運送氫氣的成本，假設氫氣是在工廠集中生產，長距離的運輸將增加輸氫成本，當氫氣在較接近使用點的半集中型的製氫廠生產，則可以降低運輸成本，一旦氫氣是在使用點直接生產的分散型製氫廠，就可以省掉氫氣運輸成本。

針對燃料電池車的氫氣供應，美國能源部規劃三種輸氫方案：

• 第一項方案是利用管路或高壓氫罐拖車輸送氫氣，這項方案有可能以目前現有的天然氣管路輸送天然氣與氫氣混合氣體，然後再將混合氣體分離後純化以獲得純氫。

• 第二項方案先將氫氣液化然後，再以卡車載送低溫槽運送到使用點。

• 第三項方案則是將高密度氫載體輸送到使用地點，處理後釋放出大量的氫氣，其中一個例子就是天然氣、甲醇、乙醇等傳統能源載體，先輸送到加氫站後再改質製氫；另一個例子就是用先進的氫載體，如環己苯、十萘氫或氨，將其輸送加氫站或發電站經由處理後釋放出氫氣。

輸送氫的基礎設施元件包括管路、壓縮機、液化設備、拖車罐、低溫液罐、卡車、火車、平底船、貨船 (液氫與氫氣)、液化槽與氣體槽、地下儲氫槽、分離 / 純化設備、加氫機、載體與載體運輸系統等。

要點百寶箱

1. 氫氣輸送成本往往高於製氫成本。
2. 氫的輸送普遍採用液態氫與高壓氫。
3. 環己苯、十萘氫、氨是新型態的運輸氫氣技術。

氫氣的輸送網路

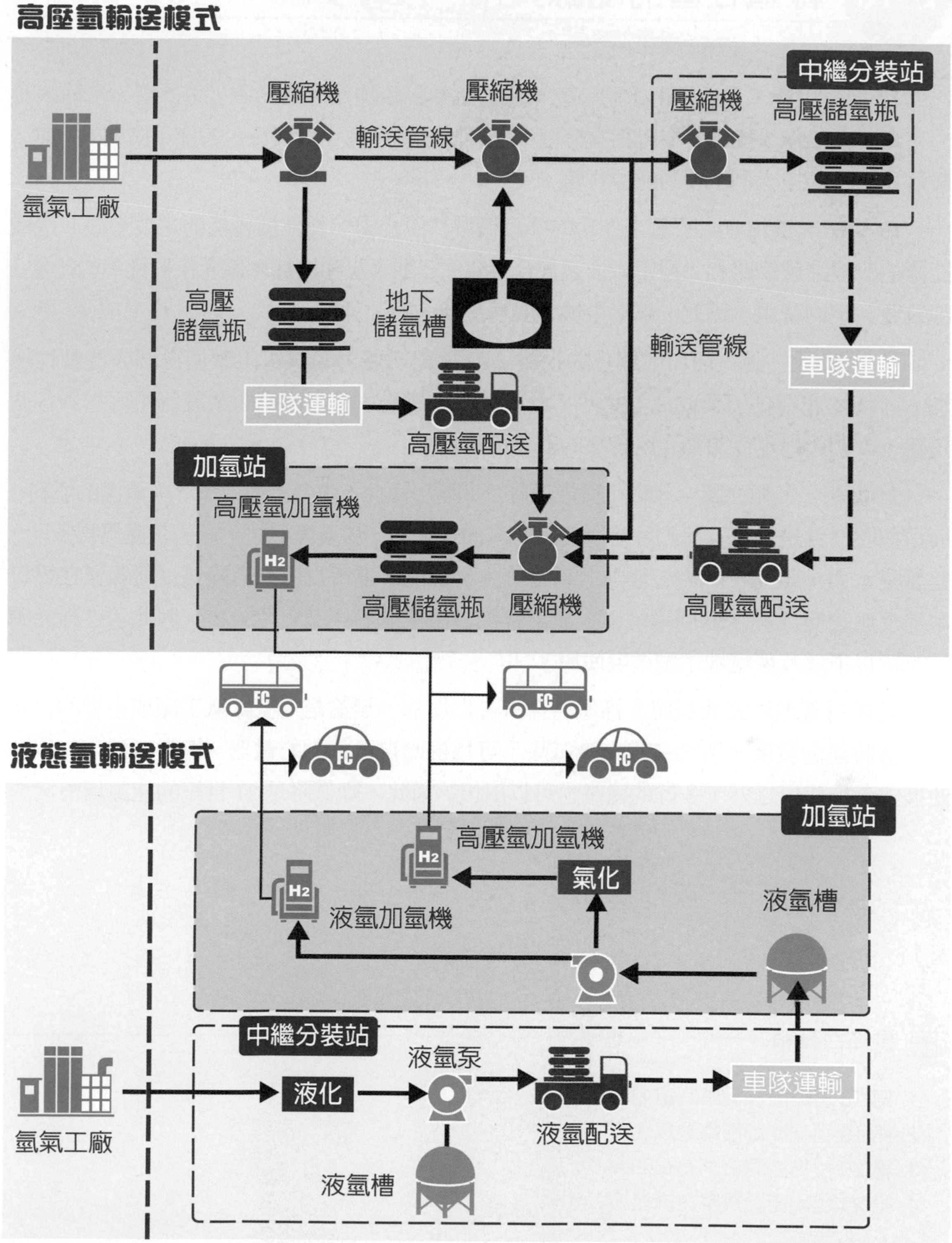

高壓氫輸送模式

壓縮機　　壓縮機　　壓縮機　　中繼分裝站

氫氣工廠　輸送管線　　　　高壓儲氫瓶

高壓
儲氫瓶　　地下
儲氫槽　　　輸送管線

車隊運輸

車隊運輸　　高壓氫配送

加氫站

高壓氫加氫機

H2　高壓儲氫瓶　壓縮機　高壓氫配送

液態氫輸送模式

FC　　FC

FC　　FC

加氫站

高壓氫加氫機

H2　氣化　　液氫槽

H2
液氫加氫機

氫氣工廠　中繼分裝站

液化　液氫泵　　　車隊運輸

液氫配送

液氫槽

2-16 綠氫社會的能源貨幣

18 世紀以前，人們使用木頭、乾草取火生熱，以加熱居住場所，用風車、水輪或畜力來幫我們工作。能源的取得相當分散，這時候能源來源也當廣泛，遍佈了廣闊的大地，柴薪和馬匹便是人們主要的能源貨幣。

19 世紀，燒煤產生蒸氣來作功的蒸汽機取代了水力，作為機械能的主要來源。這種能源的改變造就鐵路和大型工廠而邁入工業化。一噸煤炭和四噸木頭產生同樣多的能量，卻只要一半的費用，因此，煤炭很快就成為主要的能源貨幣。

20 世紀是一個石油和電氣化的世紀。20 世紀初蓬勃的汽車工業使得個人機動性增加，同時加速石化工業成長。此外，大型電廠的建造與綿密電網的架設將電傳送到各個角落，人們因而享受電氣化所帶來的舒適與財富。

21 世紀，人類面臨全球暖化與能源匱乏問題，因此，需要更有效率、更清潔的燃料，而這個燃料就是綠氫。比起目前所使用的汽油、柴油、煤氣等燃料，氫的生產更為多元，無論是水力、陽光、風力、地熱，以至於生物質能，都可以用來產綠氫，而綠氫在燃料電池反應後變成純水返回環境中，並不會排放溫室氣體與其它污染物，因此，這種能源貨幣可以不危及環境地永續循環使用。

當燃料電池產業成長時，綠氫的需求必然增加，無論是大型綠氫工廠或小型的自家產氫機將蓬勃發展，所製造出來綠氫除了可以供應自己家裡的電器、燃料電池車、以及便攜式產品使用之外，多餘的綠氫也可以出售。因此，綠氫將是 21 世紀的能源貨幣。

🏠 要點百寶箱

1. 第 18 世紀能源貨幣為畜力、柴薪。
2. 第 19 世紀能源貨幣為煤。
3. 第 20 世紀能源貨幣為石油。
4. 第 21 世紀能源貨幣為綠氫。

綠氫社會能源貨幣

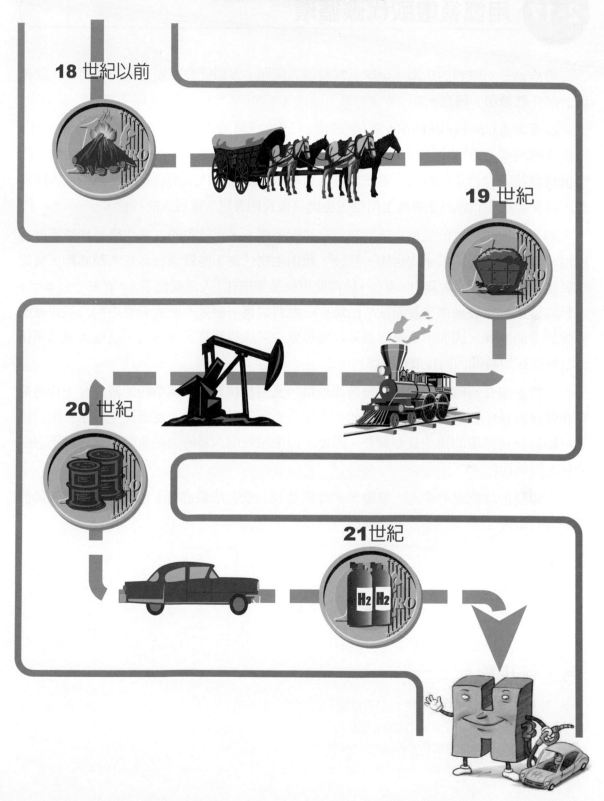

2-17 用氫循環取代碳循環

考慮到化石燃料的枯竭、全球氣候變遷等問題，人類能源使用方式有必要從「碳循環」向「氫循環」轉型。

在裡夫金 (Jeremy Rifkin) 所寫「氫經濟」一書的「羅馬帝國的熱力學」章節裡面寫道，羅馬帝國用盡了歐洲大陸的森林、土地等有效能源，只剩下一些貧病交加的人，歐洲的恢復整整花了六百年的時間。這種情形難道不會出現在現代文明社會嗎？書中也告誡我們，即便現在化石燃料不會馬上用盡，也應該從長期著想、實現氫能社會。

過去，人類所需的能量乃依附在「自然碳循環」，大氣中的二氧化碳被植物經光合作用吸收太陽能而成碳水化合物，然後，藉由生物代謝、地質過程以及人類活動，又以二氧化碳的形式返回大氣中。現在，能源使用則是架構在「人為碳循環」，過去一百多年，人類隨著工業化發展而大量開採、燃燒化石燃料以獲取能量，使大氣層中的二氧化碳濃度達到空前高峰，因而所造成的溫室效應導致全球氣候異常，基本上，這些大量二氧化碳是無法在短時間內回復成化石燃料。

人類必須在短時間內尋找不會破壞環境，又可以快速再生循環的能源媒介，而這個媒介就是綠氫。我們可以利用太陽能和水產生氫氣，氫氣和氧氣反應又生成水，所以綠氫是屬於快速循環的再生能源媒介。因此，即使短時間大量的消耗氫氣，其實只不過是消耗太陽能而已。

太陽是地球能量的來源，無論未來綠氫是以甚麼方法製造的，也無法改變以太陽能來製造的事實。

要點百寶箱

1. 不會破壞環境與快速再生循環的氫氣。
2. 人為碳循環是造成溫室效應的元凶。
3. 氫循環式解決全球暖化的有效方法。

氫循環與碳循環

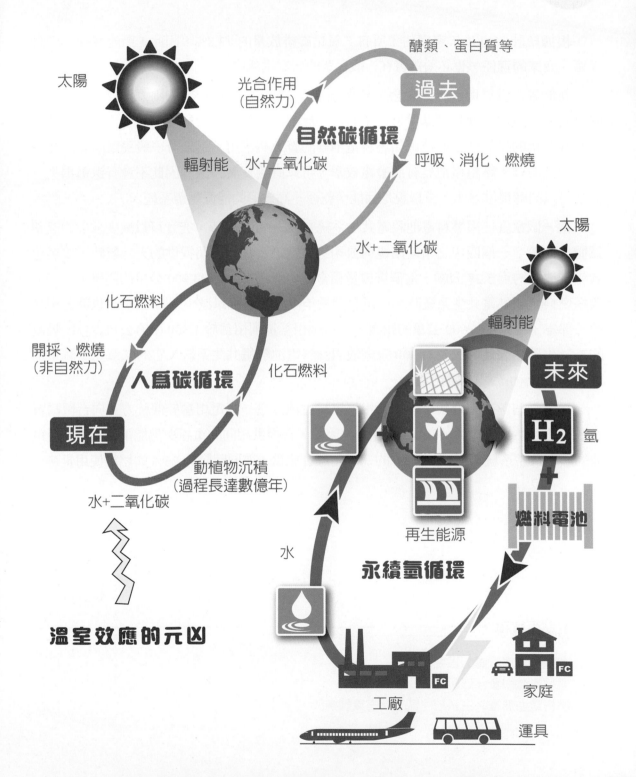

太陽

醣類、蛋白質等

光合作用
（自然力）

過去

自然碳循環

輻射能　水+二氧化碳

呼吸、消化、燃燒

水+二氧化碳

太陽

化石燃料

輻射能

開採、燃燒
（非自然力）

人為碳循環

化石燃料

未來

H₂ 氫

現在

動植物沉積
（過程長達數億年）

再生能源

燃料電池

水+二氧化碳

水

永續氫循環

溫室效應的元凶

工廠

家庭

運具

2-18 綠氫家庭的減碳大作戰

　　根據統計，2004 年家庭佔了所有二氧化碳排放量的 13.8%，因此，節能減碳不僅是工廠、商家的責任，也必須落實在一般民眾的居家生活中。

　　新能源之發展與節能源觀念之普及是降低二氧化碳氣體排放的兩大法寶。新能源指的是陽光、風力、地熱等潔淨可再生的自然能源，這部分留待科學家或工程師去開發。節能觀念指的是新型節能技術如燃料電池等的普及與應用，這部分一般民眾應該劍及履及，身體力行。燃料電池具有高發電效率，可以直接安裝在家裡因此不會有送電損失，而且可以同時提供熱水，可以說是節能、乾淨、高效率的能源供應系統。

　　當一個家庭使用燃料電池熱電共生系統 (cogeneration) 時，究竟可以減少多少的溫室氣體排放量？一個四口之家使用電力公司送來電以及瓦斯公司提供的天然氣時，二氧化碳年排放量約為 5.28 公噸，這個排放量相當於一部汽車行走 23,000 公里的距離，當家庭改採燃料電池熱電共生系統時，二氧化碳量年排放量降可以減少 1.17 公噸，也就是相當於一部車子少走了 6,000 公里的距離，而這個相差量則相當於 1,300 平方公尺森林所吸收的二氧化碳。因此，只要有 200 家庭使用燃料電池熱電共生系統，它的二氧化碳減量功效就相當於一個大安森林公園。

　　從另一個角度來分析，熱電共生型燃料電池每發一度電相當於傳統方式向台電購買一度電加上熱水器提供 1.3kWh 的熱水，因此，在提供相同的電能與熱能下，利用燃料電池的熱電共生系統可以減少 40% 的二氧化碳排放量，並同時降低 26% 的燃料使用量。

 要點百寶箱

1. 家庭是溫室氣體的重要來源。
2. 溫室氣體引發全球暖化。
3. 燃料電池熱電共生系統可減少溫室氣體排放。

綠氫家庭減碳大作戰

四口家庭二氧化碳量年排放量

傳統發電機(供電)+鍋爐(供熱水) = **5.28**公噸**CO₂**/年

相當於汽車行駛**23,000**公里

熱電共生型燃料電池 = **4.01**公噸**CO₂** /年

相差**6,000**公里

相當於汽車行駛**17,000**公里

CO₂ 減量相當於
1300m²
(394坪)
森林每年所吸收
的**CO₂**量

計算基準：
假設供應熱水所提供的能量為**15.7GJ**，供應電量為**4.9MWh(4900度)**
汽油的**CO₂**排放量為**2.3**公斤**CO₂**/公升，汽車的燃料消耗量為**10**公里/公升

共生型燃料電池**1**度電 = 傳統發電機**1**度電 + **1.3kWh**鍋爐熱水

CO₂排放量

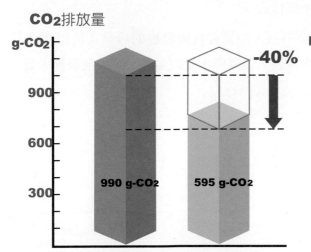

傳統鍋爐+發電機　共生型燃料電池

燃料轉換率：**2.36kg-CO₂/m³**
電力轉換率：**0.69kg-CO₂/kWh**

燃料消耗量

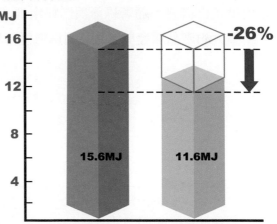

傳統鍋爐+發電機　共生型燃料電池

燃料轉換率：**46MJ/m³**
電力轉換率：**9.83MJ/kWh**

2-19 進入綠氫社會可帶來什麼好處？

1. 落實環境保護：經濟發展與環境保護經常發生衝突，正當許多工業化國家面臨空氣污染的挑戰而頭痛不已時，許多開發中國家仍陸續步入後塵。例如，亞洲許多國家在邁向工業化過程中，常因為大量增加機動車輛的數目而加劇空氣污染，改採綠氫與燃料電池將可有效減輕對環境的衝擊，符合 ESG 治理理念。雖然使用化石燃製氫不是零排放，然而以燃料改質和燃料電池技術取代傳統內燃機將可顯著降低排放、改善環境，這是步入氫經濟的一個重要步驟。最後階段，生產氫的電將完全來自再生能源，如此，將可大幅將低溫室氣體排放。

2. 確保能源安全：能源安全是各國政府最優先考慮的項目之一。使用燃料電池可以降低對進口原油的依賴，與一般燃料不同，氫的來源相當廣，可以從不同的資源製取而得。因為燃料電池能把燃料轉化成電和熱，比傳統的內燃機效率更高，因此，可以使用較少的能源而產生相同的能量。

3. 維護住民健康：空氣品質是影響我們的健康的主要因素之一，隨著工業化程度增加，世界各國主要城市的空氣污染越來越嚴重，因此，危及我們健康程度不斷地增加。如果全球工業化程度持續增加，我們能還有一個健康的環境嗎？燃料電池技術是可以全面取代傳統發電技術與汽車的重要清潔空氣技術。

4. 提供工作機會：隨著綠氫與燃料電池產業發展，將需要技術熟練的專業人員以因應不斷擴大的產品開發與應用。因為氫能市場發展，也需要大量的生產、訓練及服務人員。

🏠 要點百寶箱 •────────────────────────────

1. 綠氫社會符合 ESG 治理。
2. 綠氫社會解決全球暖化問題。
3. 綠氫社會提供就業機會。

綠氫社會的好處

ESG investing

落實環境保護

確保能源安全

維護住民健康

提供就業機會

JOBS

2-20 綠氫社會的產業轉型

　　面對綠氫與燃料電池技術崛起，包括電力公司、瓦斯業者及石油公司等傳統能源產業不僅是挑戰同時也是機會。

　　為了確保永續經營與發展，這些傳統能源產業必須逐漸轉型。事實上，許多傳統能源產業都逐漸地涉入綠氫與燃料電池領域，紛紛成立新部門或子公司進行氫輸送、製造、儲存技術的開發。

1. 電力公司：邁入氫能社會後，將出現大量燃料電池分散型電廠，電力業者勢必弱化集中型電廠功能而轉型成為電力銀行，也就是藉由現有電網直接購買這些分散型電廠所發之電，然後再藉由電網分送販售到其他需要電的地方。簡言之，分散型電站將多餘的電力儲存到電力銀行，而電力銀行再將電賣給需電者，而當用電量高出燃料電池供給時，則可以從電力銀行提出電力存款。

2. 瓦斯公司：目前的瓦斯公司主要提供天然氣和丙烷作為商業、工業、以及住家的供熱需求。進入綠氫社會後而以氫作為燃料載體時，瓦斯公司將天然氣搭配具有 CCUS 功能的改質器販售，如此將天然氣改質為藍氫販售，將會大幅增加營收，為邁入碳中和做出貢獻。因此，開發高效率具有 CCUS 功能的改質器成為這些瓦斯公司轉型到綠氫社會的重要工作之一。

3. 石油公司：進入綠氫社會，石油業者轉型工作包括生產綠氫供燃料電池之用，並將目前加油站改成加氫站。

　　為了因應這些變化，這些傳統能源產業必須將自己定位綠氫產業鏈的一環，而不僅僅只是發電、賣氣、加油而已。

要點百寶箱

1. 綠氫社會下電力公司轉型成電力銀行。
2. 綠氫社會下瓦斯公司販賣改質器，提高燃氣附加價值。
3. 綠氫社會下石油公司設置加氫站取代現有加油站。

綠氫社會的產業轉型

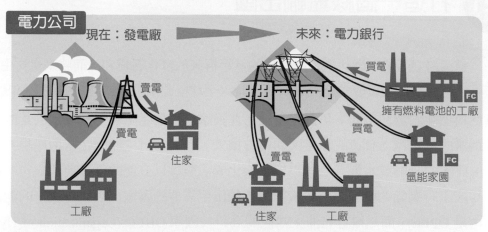

電力公司

現在：發電廠　　　→　　　未來：電力銀行

賣電

賣電

住家

工廠

買電

擁有燃料電池的工廠

FC

買電

賣電

賣電

FC

氫能家園

住家　　　工廠

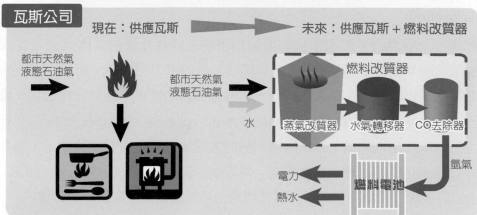

瓦斯公司

現在：供應瓦斯　　　→　　　未來：供應瓦斯 + 燃料改質器

都市天然氣
液態石油氣

都市天然氣
液態石油氣

水

燃料改質器

蒸氣改質器　　水氣轉移器　　CO去除器

氫氣

電力

熱水

燃料電池

石油公司

現在：加油站　　　→　　　未來：加氫站

OIL

H_2

2-21 打造一個綠氫輸出國

一旦進入綠氫社會，燃料電池所使用的氫不再來於自化石燃料，而將來自再生能源，而一旦再生能源製氫技術成熟且具經濟規模時，全球能源供需模式也將會隨之顛覆。

氫燃料與化石燃料一樣，可以在科技先進國家以再生能源製造後輸出供其他國家使用。長距離的輸送電力會造成相當大的電力損失。過剩的再生能源在當地產生大量的電力，若以此電力分解成水製造氫氣以後再液化成液態氫以方便輸往需要的國家。再生能源充沛的國家將剩餘的能源製作成液態氫後輸出至需要的國家，因此，未來的能源輸出國已不再是 OPEC，而是擁有充沛太陽能的高科技國家 OHEC (Organization of Hydrogen Exported Counties)。

事實上，全世界許多國家都已經開始規畫進入綠氫社會的基礎設施。在冰島全國 70% 的能源、99.9% 的電力皆來自自然界現成能源的水力與地熱，而現在也開始有進行綠氫基礎設施建構的計畫。加拿大也是水力資源豐富的國家，甚至有從加拿大輸出綠氫至歐洲各國的計畫。PORSHE (Plan of Ocean Raft System for Hydrogen Economy) 計畫是在波利尼西亞海域漂浮世界最大的太陽能照射的太陽集熱、蒸汽渦輪機發電、海水淡化、水電解與製造液化氫的試驗。在太陽氫 - 拜恩州計畫 SWB (Solar-Wasserst off-Bayern) 中以歐洲中部的太陽光電來電解水，再以燃料電池為基礎構築能源系統的計畫。

🏛 要點百寶箱 ●━━━━━━━━━━

1. OPEC 是石油輸出國家組織的簡稱。
2. 現在的能源輸出國就是石油生產國。
3. 綠氫社會下的能源輸出國組織是 OHEC。

打造綠氫輸出國

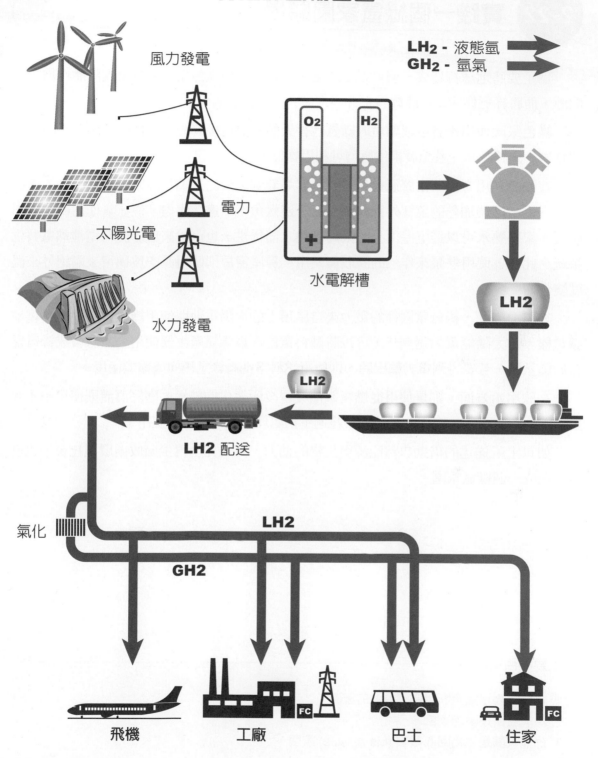

2-22 實踐一個綠氫家園願景

　　為了要將地球打造成一個可以永遠適合人類居住的綠色星球，可將太陽能作為一次能源，而將綠氫作成二次能源。

　　綠色家園使用不會破壞環境的綠氫代替天然氣而連接管線至各個家庭中，不論是炊煮食物、洗滌熱水、甚至發電供應均可利用綠氫。

　　在熱能利用方面，由於氫火焰肉眼不容易看到，因此烹調熱源來自電力起動的電磁爐或者以氫燃燒加熱的遠紅外線陶瓷爐，一邊煮魚、一邊烤牛肉，使氫氣使用範圍更為廣泛。家庭熱水可以透過屋頂上的太陽能熱水器提供，也可以來自於燃料電池熱電共生系統。此外，使用熱泵來作熱的回收與使用。房屋窗戶則使用真空玻璃窗來隔絕外來溫度變化的影響。

　　在電力方面，綠氫家園裡的電力來自屋頂上的太陽電池與使用綠氫燃料的燃料電池發電機。當太陽能電力過剩時，可以將燃料電池作為綠氫產生器使用，並將製成綠氫儲存於儲氫器，若要得到電力輸出時，則使用燃料電池將綠氫轉換成電能使用。

　　在飲用水方面，則是使用從燃料電池發電後所產生的純水，庭院澆灌則使用雨水收集器內的回收雨水。廚房的剩餘飯菜經過生物處理後，作為肥料使用。

　　如以上所描述的借助自然能源與生物的助力，實現完全再生回收循環型社會，也就是打造成一個綠氫家園。

 要點百寶箱

1. 綠氫家園是完全利用自然資源的家園。
2. 綠氫家園是省能家園。
3. 綠氫家園是生物回收循環 (bio-recycle) 家園。

綠氫家園願景

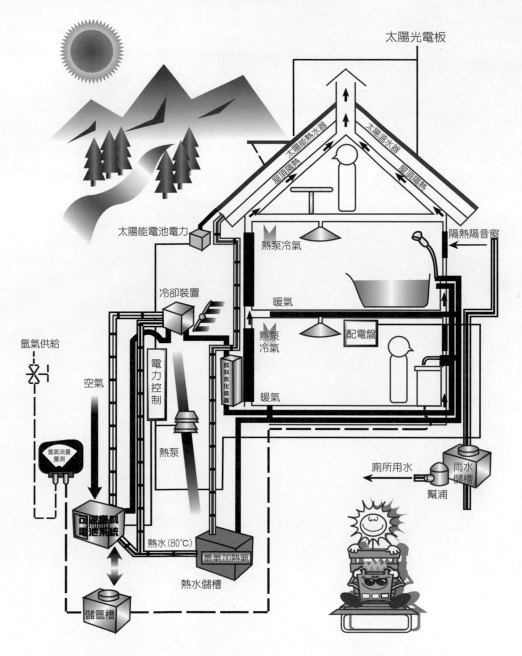

太陽光電

　　早在西元前七世紀，我們的祖先就利用放大鏡將太陽光聚熱生火，而許多希臘和羅馬宗教儀式也都必需使用太陽能點亮代表光明的火把。太陽光產生電的現象，最早記錄可追溯至十九世紀，一直到 1954 年，才由美國貝爾實驗室製造出第一個實用的太陽能發電裝置。二十世紀末，京都議定書設定溫室氣體減量目標，太陽能電池展現對減緩全球暖化與削減化石燃料使用之價值。目前，全球主要國家均已經開始大量使用太陽能發電裝置，太陽光電勢必成為未來人們用電的核心。

3-1 太陽能的歷史

利用太陽能不是什麼新鮮事。

我們的祖先很清楚太陽提供能量的潛力，早在西元前七世紀就利用放大鏡來生火，許多希臘和羅馬宗教儀式都必需使用太陽能點亮代表光明的火把。約在西元前 212 年前後，希臘科學家阿基米德利用太陽能來抵禦羅馬人，他教希臘人使用磨亮青銅盾牌反射太陽光線來燒木造的羅馬戰船，但並未成功。

至於太陽光產生電的現象，最早紀錄可追溯至十九世紀。

- 1839 年，法國物理學家貝克勒首度發現光伏效應。
- 1849 年，Photovoltaic 一字出現在英語中，係由希臘語光 (photo) 與電力 (volta) 兩字結合，中文也稱作光伏，意指由光產生電動勢。
- 1883 年，美國人弗里茲在硒晶圓上披覆黃金薄膜來形成半導體金屬結而製造出全世界第一片太陽能電池，效率只有 1%。
- 1946 年，R. S. Ohl 申請現代太陽能電池的專利 Light sensitive electric device (US Patent 2402662)。
- 1954 年，美國貝爾實驗室研究人員開發矽晶太陽能電池，並製造出第一個實用的太陽能發電裝置。
- 1958 年，美國發射配備太陽能電池的先鋒一號 (Vanguard 1) 人造衛星。
- 1970 ～ 1980 年代，美俄太空競賽促使太陽光電技術持續增長。

二十世紀末，京都議定書設定溫室氣體減量目標，太陽能電池展現對減緩全球暖化與削減化石燃料使用之價值。目前，全球主要國家均已經開始大量使用太陽能發電裝置，太陽光電勢必成為未來人們用電的核心。

要點百寶箱

1. 阿基米德利用太陽能來抵禦羅馬人。
2. 美國貝爾實驗室製造出第一個實用的太陽能電池。
3. 太陽能電池具減緩全球暖化與削減化石燃料使用之價值。

太陽能的歷史

阿基米德利用太陽能來抵禦羅馬人

1839年，發現光電效應的
貝克勒(A.E. Becquerel)

1954年，美國貝爾實驗室
製造第一個實用的太陽能電池

1958年，配備太陽能電池
先鋒一號人造衛星

3-2 太陽光如何產生電力？

太陽光是如何產生電力的？

1887 年，德國物理學家赫茲 (H. Hertz) 發現了物質表面會因光照而放出電子的光電效應，1921 年，愛因斯坦 (A. Einstein) 則因發表了光電效應論文而獲得諾貝爾物理學獎。

當光子擊中矽晶片時，有以下三種可能情況：

1. 光子直接通過矽，這一般發生在較低能量的光子。

2. 光子從矽晶片表面反射。

3. 當光子的能量大於矽的能隙而被矽所吸收時，則會產生一個電子電洞對 (electron-hole pairs)。

矽晶片電子通常是在價帶 (valance band) 中，也就是緊密地結合在相鄰原子之間的共價鍵，無法移動，而在第三種狀況下，當光子被矽晶片吸收而將其能量給予在晶格中的電子，當此能量足以激發電子進入傳導帶 (conduction band)，此時電子便可自由地在半導體內移動，例如，矽的最外層電子要成為自由電子需要吸收 1.1ev 的能量，當矽最外層子吸收到的光能量超過 1.1ev 時就會產生自由電子。原本的共價鍵失去了一個電子而形成空穴，此時，存在一個失電子的共價鍵允許相鄰原子的電子移動到空穴而留下另一個空穴，如此，空穴便可以在晶格內移動。因此，我們可以說，吸收光子的半導體製造可移動的電子電洞對。

就在太陽能電池的 P-N 半導體接合處，由於有效載子濃度不同而造成的擴散會產生一個由 N 指向 P 的內建電場，而被光子激發出的的電子電洞對中，電子將會受電場作用而移向 N 型半導體處，電洞則移動至 P 型半導體處，如此便能在兩側累積電荷，當以導線連接時便可產生電流。

光子必須具有比從帶隙更高的能量才能將電子從價帶激發到導帶。然而，大部分太陽輻射到地球的能量大於矽的帶隙的光子所組成，這些高能量的光子將被太陽能電池吸收，但光子和高於帶隙的能量是無法轉換成電能，而是經由晶格振動而轉換成熱能。

✨ 要點百寶箱

1. 赫茲發現了光電效應。
2. 吸收光子的半導體形成可移動的電子電洞對。
3. 在價帶中電子無法移動。

太陽能電池的光電效應

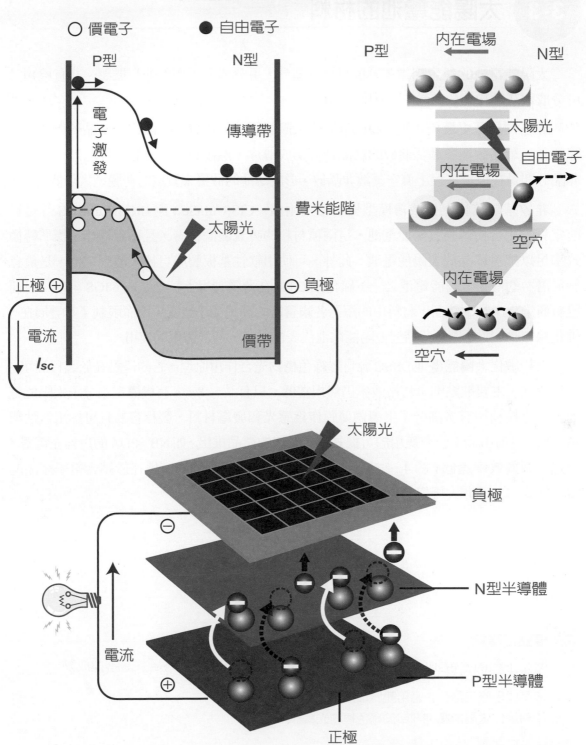

○ 價電子　　● 自由電子

P型　　　N型

電子激發　　傳導帶

費米能階

太陽光

正極 ⊕　　負極 ⊖

電流

I_{sc}　　價帶

P型　　内在電場　　N型

太陽光

内在電場　　自由電子

空穴

内在電場

空穴

太陽光

負極

N型半導體

P型半導體

電流

正極

3-3　太陽能電池的材料

　　太陽能電池的種類相當多，依照材料區分，可分成有機類與非有機類。非有機類又可分成矽基類和非矽基類 (又稱化合物類)。

　　矽基類是歷史最久、應用範圍最廣的太陽能電池，可分成單晶矽、多晶矽與非晶矽等三種。單晶矽與多晶係將矽的結晶鑄塊切成薄片，然後製成半導體元件並進行鋪設，非晶矽則是在玻璃基板上真空蒸鍍非晶矽，形成薄薄的矽層來製造的薄膜型太陽能電池。

　　非矽基類結構上分成薄模型與多結型兩種。$CIS(CuInSe_2)$ 與 $CIGS(CuInGaSe_2)$ 是目前常見的化合物薄膜太陽能電池，這兩種材料的吸光範圍很廣，且穩定性佳，標準轉換效率足以媲美單晶矽太陽能電池，此外，可使用軟性基板製成可撓式薄膜電池，是最有發展潛力的薄膜太陽能電池之一；碲化鎘 CdTe 在薄膜製程上較 CIS 或 CIGS 容易，目前已有商業化產品，然而，材料中的鎘乃各國管制的高污染重金屬，因而限制了其發展在。砷化鎵 GaAs 則是作為多結型太陽能電池代表性材料，通常需聚光使用。

　　染料敏化太陽能電池 DSSC 源自於綠色植物光合作用原理，它的優點在於製程簡單、材料便宜，主要缺點則是轉換效率仍然相當低，只有 7 ～ 8%。有機導電高分子太陽能電池則是直接利用有機高分子半導體薄膜作為感光和發電材料，製程容易且可採用軟性塑膠基板，目前市面上已有應用於可攜式電子裝置的產品推出，如 NB、PDA 的戶外充電器，不過，轉換效率過低 (約 4 ～ 5%)，因此，此種太陽能電池的市場在於結合電子產品的整合性應用，而非大規模的太陽能電廠。

要點百寶箱

1. 太陽能電池依材料可分成有機類與非有機類。
2. 矽基類是歷史最久、應用範圍最廣。
3. 染料敏化太陽能電池源自於綠色植物光合作用。

太陽能電池的材料

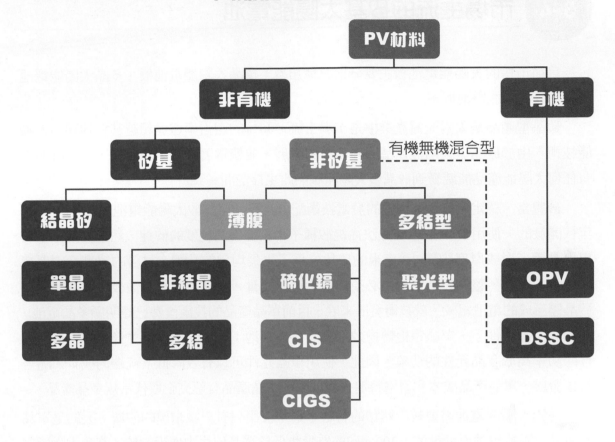

CIS: Copper Gallium Selenide CuInSe2 銅銦硒化合物
CIGS: Copper Indium Gallium Selenide, CuInxGa(1-x)Se2 銅銦鎵硒化合物
OPV: Organic PV有機太陽能電池
DSSC: Dye-Sensitized Solar Cell 染料敏化太陽能電池

不同世代之太陽能電池

世代	技術
第一代	單晶矽、多晶矽、非晶矽
第二代	化合物薄膜太陽能電池〔碲化鎘、銅銦硒、銅銦鎵硒〕 III-V族〔砷化鎵〕多結聚光型太陽能電池
第三代	有機太陽能電池

3-4 市場主流的矽基太陽能電池

目前市售的太陽能電池板主要分為三種類型：單晶太陽能電池板、多晶太陽能電池板和薄膜太陽能電池板。

矽晶型產品是太陽光電產業中是市場主流，90% 的市占率遠遠超越其它種類的太陽能技術。由於矽晶型太陽能產品的高度技術發展，並挾帶著低成本的優勢，截止目前沒有任何太陽能產品能威脅到矽晶型太陽能產品的生存空間。

矽豐富、穩定、無毒與成熟的發電技術配合良好。單晶矽太陽能電池最初是在 1950 年代開發的，使用 Czochralski 方法從純矽種子中創造出高純度的矽錠，然後從錠子上切出單晶體，形成厚度約為 0.3 毫米的矽片。為了生長均勻的晶體，材料的溫度必須保持非常高，因此，整個製造過程中必須消耗大量的能量。多晶太陽能電池板由多個非對齊矽晶體形成的電池組成。就技術發展來看，目前單晶產品的技術優勢已經明顯多晶電池，在相同工藝條件下，單晶電池轉換效率高於多晶電池；在相同元件尺寸條件下，單晶元件的功率高於多晶元件的功率，因此，使用單晶元件可以有效降低系統端的成本。隨著技術發展，單晶產品成本和價格將進一步下降，單晶產品有望完全取代常規多晶產品。

薄膜太陽能電池需要較少體積的材料，通常使用只有一微米厚的矽層，大約是單晶和多晶太陽能電池厚度度的 1/300。矽的質量也低於單晶矽片中使用的矽。許多太陽能電池由非晶態非晶矽製成。由於非晶矽不具備晶體矽的半導體特性，因此必須與氫結合才能導電。非晶矽太陽能電池是最常見的薄膜電池類型，經常出現在計算器和手錶等電子產品中。

 要點百寶箱

1. 百萬瓦級光伏電站主要採用矽晶類太陽能電池。
2. 單晶電池效率高於多晶電池。
3. 非晶矽太陽能電池轉換效率較低。

矽基太陽能電池的特性

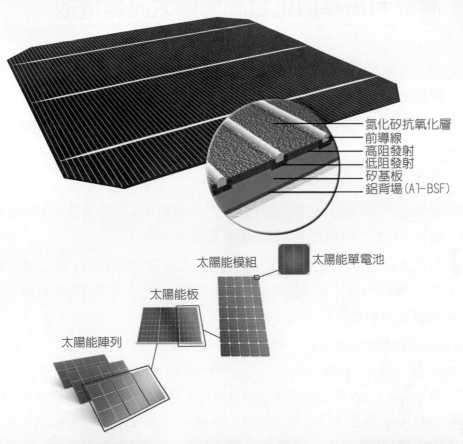

氮化矽抗氧化層
前導線
高阻發射
低阻發射
矽基板
鋁背場(A1-BSF)

太陽能模組　　太陽能單電池

太陽能板

太陽能陣列

三種商業化太陽能電池板比較

種類	單晶太陽能電池板	多晶太陽能電池板	薄膜太陽能電池板
材料	純矽	矽晶體融化在一起	各種化合物
效率	24.4%	19.9%	18.9%
成本	適度	便宜	昂貴
壽命	最長	適度	最短
碳足跡	38.1gCO2eq/kWh	27.2gCO2eq/kWh	<21.4gCO2eq/kWh

3-5 高光利用率的化合物薄膜太陽能電池

　　化合物類太陽能電池是使用多種半導體材料混搭的太陽能電池，相較於矽基太陽能電池，化合物類太陽能電池具有以下幾項光電特點：

1. 使用多種半導體材料，能夠吸收光的波長範圍比矽更寬，因此，理論光電轉換效率高。

2. 矽基太陽能電池效率隨結點溫度上升減小，而化合物類太陽能電池效率的溫度效應較小。

3. 矽基太陽能電池的串聯設計受陰影影響大，一旦有單元被陰影覆蓋而不發電而降低整體功率，而化合物類太陽能電池受陰影影響較小。

　　目前具有代表的化合物類太陽能電池有以銅、銦、硒為原料的 CIS 太陽能電池，在上述原料中增加了鎵的 CIGS 太陽能電池，另外使用二元化合物半導體的有碲化鎘 (CdTe) 與碲化鎵 (GaTe) 太陽能電池。

　　CIGS 是目前薄膜太陽能電池中轉換效率最佳者，隨著銦鎵含量的不同，對光吸收範圍可從 1.02ev 至 1.68ev。在標準環境之光電轉換率可達 19.5%，若是用聚光裝置輔助，轉換效率可達 30%。CIGS 的結構的最底層為基板，通常使用的材質有玻璃或是可撓性的鋁箔、銅箔、PI (Polyimide) 板，基板上濺鍍一層 Mo 背電極，往上一層為 CIGS 光吸收層，再上一層為 CdS 緩衝層，再上一層為 ZnO 為透明導電層，此層除了作為上電極之外，還須能讓光線順利通過到達 CIGS 光吸收層，最後會鍍上金屬鋁導線。

　　目前，在已產業化的化合物類太陽能電池中，美國 First Solar 發展碲化鎘太陽能電池，日本的 Solar Frontier 發展 CIS 太陽能電池，發展 CIGS 太陽能電池的有 Honda Soltec、IBM、GOOGLE 司，以及國內的新能、太陽海等廠商。

🏠 要點百寶箱

1. 多種半導體材料混搭而成化合物類太陽能電池。
2. 化合物類太陽能電池吸收光波長寬，理論效率高。
3. CIS 與 CIGS 是最具有代表性的化合物類太陽能電池。

化合物薄膜太陽能電池

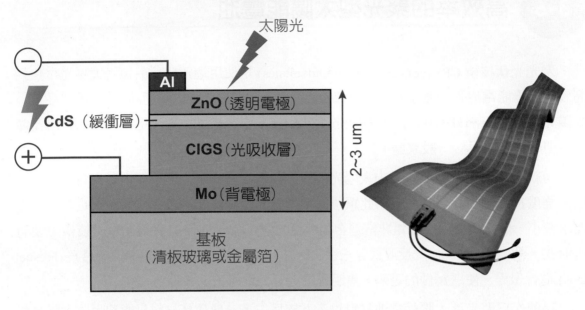

太陽光

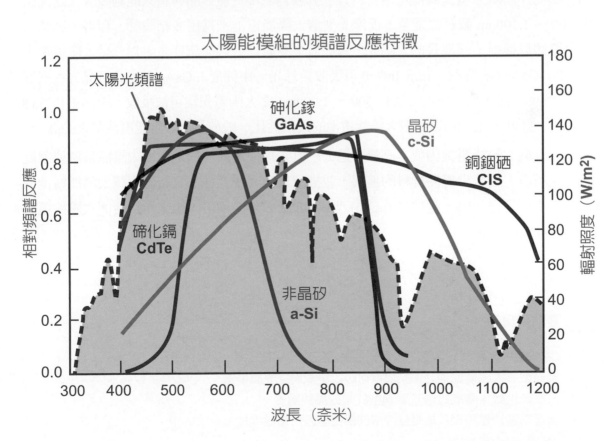

太陽能模組的頻譜反應特徵

太陽光頻譜

砷化鎵 **GaAs**

晶矽 **c-Si**

銅銦硒 **CIS**

碲化鎘 **CdTe**

非晶矽 **a-Si**

相對頻譜反應

輻射照度（W/m²）

波長（奈米）

3-6 高效率的聚光型太陽能電池

聚光光伏技術 CPV(concentrative photovoltaics) 是使用透鏡或反射鏡將太陽光聚焦到高效率太陽能電池的一個小區域發電技術，基本上是由聚光型太陽能晶片、高聚光裝置、太陽光追蹤器三部分所組成，早期用於太空產業，現在搭配太陽光追蹤器可用於發電產業，但仍不適合用於一般家庭。

傳統的太陽能電池並不集中太陽光使用，而聚光型太陽光電系統則是先將陽光集中使照強度提高到 500 倍之多，因此單位面積產生的能量比起傳統光伏電池板更多，土地需求較小，聚光型太陽能發電非常適合如沙漠的強光區域。目前使用之聚光技術主要有折射式、一次反射式、二次反射式等三種。其中，折射式技術普遍採用菲涅爾透鏡 (Fresnel lens) 進行聚光，使透鏡做的更薄，焦距變得更短，且傳遞更多的光。

目前作為聚光型太陽能電池材料以三五族為主，一般矽晶材料只能夠吸收太陽光譜中 400 ～ 1,100nm 波長之能量，而聚光型透太陽能電池則採用多結設計，利用不同化合物半導體以捕捉不同波長的太陽光，以吸收更寬廣之太陽光譜能量，以三結太陽能電池 InGaP/InGaAs/Ge 為例，頂層 InGaP 可吸收紫外光、中間層 InGaAs 可吸收可見光、底層 Ge 則可吸收紅外光，如此，波長 300 ～ 1,900nm 之太陽電光均可被吸收，因而大提升轉換效率。此外，化合物聚光型太陽能電池的耐熱性比一般矽晶型太陽能電池又來的高。

三五族太陽能電池因成本高昂，過去一直未被使用於一般地面型太陽能系統或家庭消費性用途，隨著半導體材料的進展，並搭配聚光光學元件，三結砷化鎵太陽能電池的轉換效率已超過 40%，是矽晶 (μc-Si) 型或 CIGS 效率的兩倍，未來作為地面太陽能電廠的前途可以期待。

要點百寶箱

1. CPV 晶片、高聚光裝置、太陽光追蹤器三部分組成。
2. 聚光型透太陽能電池之多結設計可吸收更寬廣之光譜能量。
3. 三結砷化鎵太陽能電池效率 (40%) 是矽晶的兩倍。
4. 菲涅爾透鏡是將聚乙烯壓鑄而成的鋸齒型鏡片電鍍而成。

聚光型太陽能電池

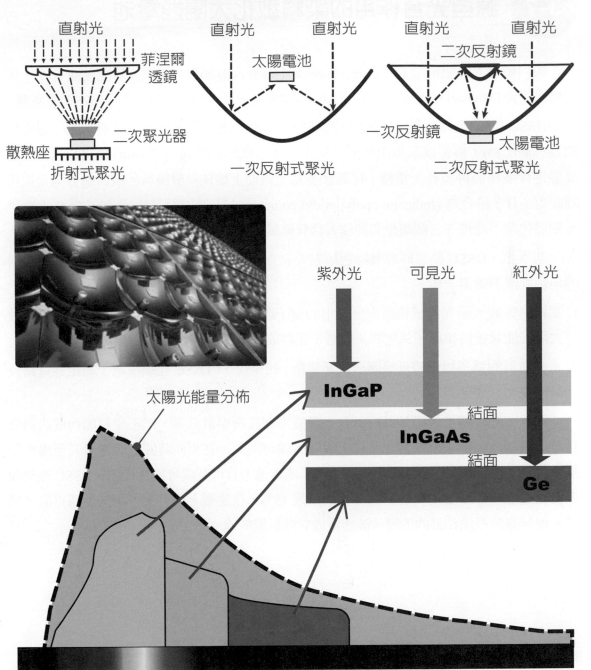

直射光　　菲涅爾透鏡

二次聚光器

散熱座

折射式聚光

直射光　直射光

太陽電池

一次反射式聚光

直射光　直射光

二次反射鏡

一次反射鏡　　太陽電池

二次反射式聚光

紫外光　可見光　紅外光

InGaP

結面

InGaAs

結面

Ge

太陽光能量分佈

波長 (nm)

200　400　600　800　1000　1200　1400　1600　1800　2000

3-7 源自光合作用的染料敏化太陽能電池

染料敏化太陽能電池 DSSC(dye-sensitized solar cell) 屬於有機類太陽能電池，1991 年由格雷策爾 (Michael Grätzel) 與奧勒岡 (Brian O'Regan) 所發明，因此又叫作格雷策爾電池。

DSSC 以玻璃或者透明塑膠片作為基板，基板上塗上一層透明導電膜 TCO (通常是 FTO (SnO2:F))，導電膜基板上塗佈二氧化鈦奈米微粒 (約 10 ～ 20 nm) 後再以 450°C 的高溫進行燒結而得多孔光電極，接著於多孔光電極上塗抹一層染料，染料成分通常採用吡啶釕 (II) 錯合物 (ruthenium polypyridyl complex)。上層的對電極則是在 TCO 上鍍一層鉑催化劑，最後在二個電極間則注入含有碘離子 / 三碘離子 (iodide/tri-iodide) 電解質。

基本上，DSSC 發電原理與綠色植物光合作用有異曲同工之妙，而光觸媒加上染料的角色就像葉綠素一樣。

1. 葉綠素吸收太陽光能量後將水分子中的電子激發出來，而光觸媒加染料作用則是吸收太陽光能量後將碘離子氧化成三碘離子而釋放電子。

2. 光合作用的電子提供暗反應而形成葡萄糖 (化學能)，DSSC 光觸媒電子經由外電路負載作電功 (電能)。

雖然 DSSC 轉換效率是目前所有太陽能電池技術中最低者，但不受日照角度的影響且可同時吸收直射光及漫射光，加上吸收光線時間長，在相同時間的發電量甚至優於矽晶太陽能電池，而且，DSSC 的製程簡單，成本低，且可製成可撓性模組。DSSC 產業尚未發展成熟，即便目前實驗室效率宣稱已達 15%，在生產上仍有不少突破點需克服，例如，如何擺脫對鉑和釕的依賴、液態電極對於氣候的適應等。

要點百寶箱

1. DSSC 又叫作格雷策爾電池。
2. 光觸媒加上染料的角色就像葉綠素。
3. DSSC 製程簡單、成本低，且可製成可撓性模組。

染料敏化太陽能電池

染料敏化太陽能電池　　　　　　　　光合作用原理

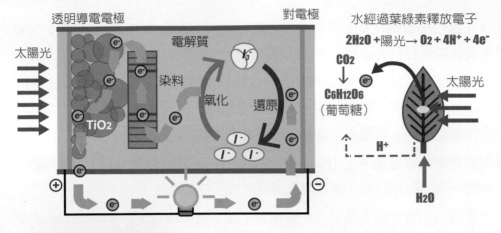

透明導電電極　　　　　　對電極　　　水經過葉綠素釋放電子

$2H_2O + 陽光 \rightarrow O_2 + 4H^+ + 4e^-$

太陽光　電解質　染料　氧化　還原　TiO2　CO_2　$C_6H_{12}O_6$（葡萄糖）　太陽光　H^+　H_2O

光合作用反應式

$$12H_2O + 陽光 \rightarrow 6O_2 + 24H^+ + 24e^- \quad [光反應]$$
$$24H^+ + 24e^- + 6CO_2 \rightarrow C_6H_{12}O_6 + 6H_2O \quad [暗反應]$$

染料敏化太陽能電池結構

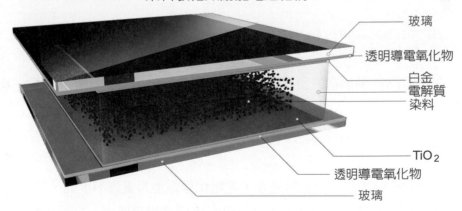

玻璃
透明導電氧化物
白金
電解質
染料
TiO_2
透明導電氧化物
玻璃

3-8 氫電聯產的光電化學電池

結合光電效應與電化學反應的光電化學產氫技術近年來相當受到重視，主要是因為半導體技術與觸媒材料的進展，而使此技術可行性大為提高。

光電化學製氫原理早在 1972 年便由日本科學家藤島和本田所發現，他們利用 n 型二氧化鈦作陽極，以鉑黑作陰極，製成光電化學電池，在太陽光照射下，兩電極用導線連接時不僅有電流通過，陰極產生氫氣，陽極產生氧氣。

典型的光電化學電池 PEC (Photo-Electrochemical Cell) 包括一個半導體陽極及一個浸泡在電解液的金屬對應陰極，產氫過程可分成以下三個階段：

1. 電荷產生階段：當太陽光投射在光陽極之上時，光子能量大於半導體能隙 E_g 時，直接被半導體所吸收，並且在傳導帶產生電子及在價帶產生電洞：

$$2h_v \rightarrow 2e^- + 2h^+$$

2. 電荷遷徙階段：當電子從價帶提升到傳導帶時在價帶便產生電洞。電洞遷徙至半導體和電解質之界面，而電子通過外電路傳遞到對應電極。

3. 電極反應階段：電洞移至光陽極與電解質界面後與水反應而產生氧氣與質子：

$$2h^+ + H2O \rightarrow \frac{1}{2}O_{2(g)} + 2H^+_{(aq)}$$

電子在外電路移動而抵達對應陰極，在對應電極與電解質之介面，電子與質子還原成氫氣：

$$2e^- + 2H^+_{(aq)} \rightarrow H_{2(g)}$$

由於只能夠吸收太陽光中的紫外光，光電化學電池製氫效率很低，僅 0.4% 左右，此外，電極容易腐蝕，性能穩定性低，至今尚未達到實用化要求。光電化學製氫技術商業化之技術目標必須達到光轉化效率大於 10%，壽命超過 10,000 小時。

 要點百寶箱

1. PEC 在太陽光照射下，不僅有電流通過，陽極同時產生氧氣。
2. PEC 結合光電效應與電化學反應。
3. PEC 商業化之技術目標為效率大於 10%。

光電化學能電池的原理

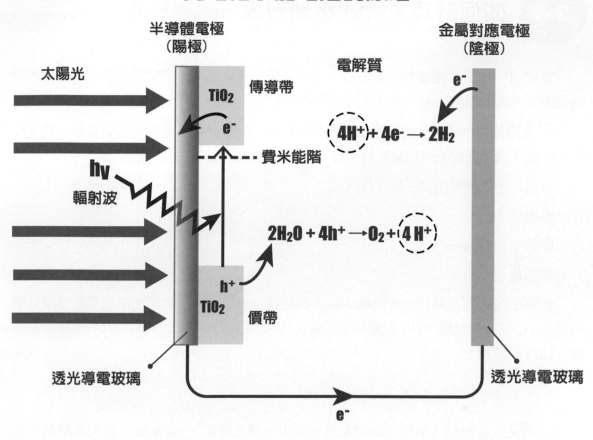

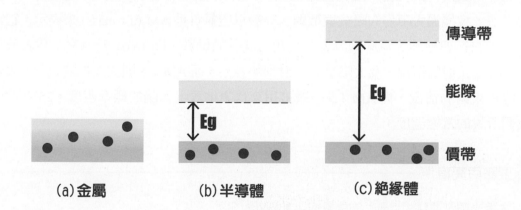

(a)金屬　　(b)半導體　　(c)絕緣體

3-9 如何計算太陽能電池效率？

當描述一片太陽能電池的效率時，必須要先定義清楚是什麼樣的效率，是太陽能電池效率？太陽能模組效率？還是整個太陽能系統效率？

太陽能電池的效率會因為環境因素而改變，例如矽基太陽能電池溫度低時效率較佳，因此，為了比較太陽能電池效率時，我們必須確認測試條件才有意義。

目前採用的標準測試三個條件為：

1. 結點溫度：25℃

2. 日照率：1,000W/m²

3. 空氣質量：AM1.5。

效率的定義就是輸出功率與輸入功率的比值。太陽能電池輸出功率就等於實際量測的電流 I (Amp) 與電壓 V (V) 的乘積，而輸入功率則是標準日照率 S (W/m²) 與太陽能板面積 A (m²) 的乘積：

$$\text{效率} = P_{out} / P_{in} = (V \times I) / (S \times A)$$

太陽光照在地球大氣層上的能量近乎呈現一個常數值 1.36kW/m²。在天氣晴朗的時候，約有百分之七十大氣層外的太陽光能量到達地表，因此，用 1.0kW/m² 作為標準日照率。此外，太陽光的光譜照度與量測位置與入射和地表的夾角有關，這是因為太陽抵達地面之前，會經過大氣層的吸收與散射，一般以空氣質量 AM (air mass) 來表示，它定義為光入射路徑與地球大氣層垂直方向夾角之餘弦值倒數，即 $1/\cos \theta$。AM 1 代表著在地表上，太陽正射的情況，及太陽垂直入射到地表上，而 AM 1.5 則代表在地表上，太陽以 42.8 度角入射的情況，而 AM 1.5 一般被用來代表地表上太陽的標準照度。25℃ 當然就是我們所說的常態溫度。

要點百寶箱

1. 太陽光照在地球大氣層上的能量約 1.36kW/m²。
2. 空氣質量 AM(Air Mass) AM 1 代表著在地表上，太陽正射的情況。
3. 標準測試條件：結點溫度 = 25℃、日照率 = 1kW/m² 及 AM1.5。

太陽能電池效率之計算

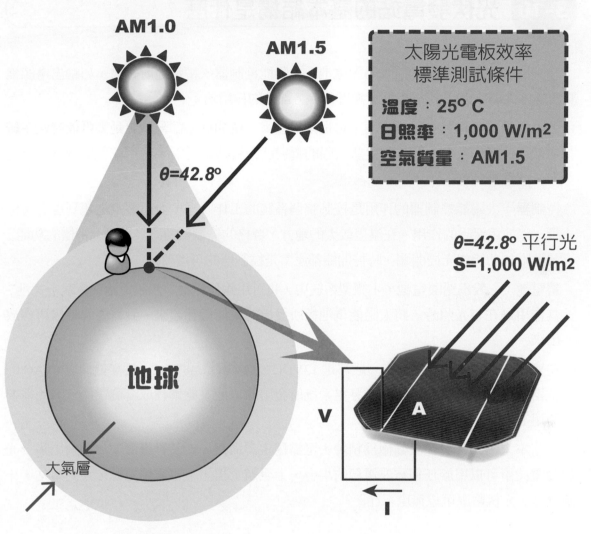

AM1.0

AM1.5

太陽光電板效率
標準測試條件

溫度：25° C
日照率：1,000 W/m²
空氣質量：AM1.5

$\theta = 42.8°$

$\theta = 42.8°$ 平行光
S=1,000 W/m²

地球

大氣層

V

A

I

$$效率 = \frac{輸出功率}{輸入功率} = \frac{P_{out}}{P_{in}} = \frac{(V \times I)}{(S \times A)}$$

電流　　　　I (Amp)
電壓　　　　V (V)
日照率　　　S (W/m²)
太陽能板面積　A (m²)

3-10 光伏發電站的基本結構是什麼？

　　一般光伏發電系統是由太陽能電池、太陽能控制器、蓄電池所組成，如輸出電源爲交流 220V 或 110V，還需要配置逆變器。各部分的作用爲：

1. 太陽能板：也稱爲太陽能電池，它是光伏發電系統的核心部分，也是太陽能發電系統中價值最高的部分。其作用是將太陽的輻射能力轉換爲電能，或送往蓄電池中存儲起來，或推動負載工作。

2. 控制器：太陽能控制器的作用是控制整個系統的工作狀態，並對蓄電池起到過充電保護、過放電保護的作用。在溫差較大的地方，合格的控制器還應具備溫度補償的功能。其他附加功能如光控開關、時控開關都應當是控制器的可選項。

3. 蓄電池：一般爲鉛酸電池，小微型系統中，也可用鎳氫電池、鎳鎘電池或鋰離子電池。其作用是在有光照時，將太陽能電池板所發出的電能儲存起來，到需要的時候再釋放出來。

4. 逆變器：太陽能的直接輸出一般都是 12VDC、24VDC、48VDC。爲了能向 220VAC 的電器提供電能，需要將太陽能發電系統所發出的直流電能轉換成交流電能，因此需要使用 DC-AC 逆變器。

　　基本上，光伏發電設備極爲精鍊，可靠穩定壽命長、安裝維護簡便。理論上講，光伏發電技術可以用於任何需要電源的場合，上至航太器，下至家用電源，大到電站，小到玩具，光伏電源可以無處不在。

🎁 要點百寶箱

1. 太陽能電池又稱爲光電板或光伏板，是光轉電的元件。
2. 太陽能控制器是光伏發電站的控制中樞所在。
3. 逆變器又稱換流器，將直流電轉成交流電。

光伏發電站的結構

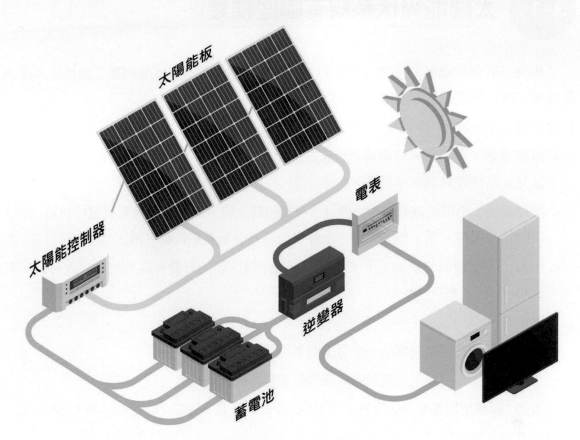

太陽能板

電表

太陽能控制器

逆變器

蓄電池

3-11 太陽能光伏系統有哪些種類？

　　根據不同應用場景的需要，常見的太陽光電系統大致可分為離網獨立型系統、併網型系統、離併網混合型等幾種。

1. 離網獨立型系統

- 應用場景：主要在無電網覆蓋地區或經常停電地區場所，如偏僻山區、海島、通訊基站和路燈等無電網區場所。

- 工作邏輯：不依賴電網而獨立運行，有光照時，將直流電轉換為交流電給負載供電，同時給蓄電池充電；無光照時，由蓄電池通過逆變器給負載供電。

- 優勢：不受地域的限制，不依賴電網，使用範圍廣，只要有陽光的地方就可以安裝使用。

2. 併網型系統

- 應用場景：大型地面電站、中型工商業電站和小型家用電站等。

- 工作邏輯：太陽能電池發出的直流電經逆變器轉換成交流電饋入電網。

- 優勢：無需使用蓄電池，節省了成本；從投資角度看，發電賣給電力公司，獲取收益。

3. 併離網混合型系統

- 應用場景：主要適用於電網不穩且有重要負載的，或者光伏自發自用不能餘量上網、自用電價比上網電價貴很多、波峰電價比波平電價貴很多等應用場所。

- 工作邏輯：有光照下將太陽能轉換為電能，給負載供電，同時給蓄電池充電；無光照時，由蓄電池通過並離網逆變器給交流負載供電。電網停電時，切換到離網狀態，通過備電模式給重要負載供電，當電網恢復時，切回到併網工作。

- 優勢：可利用蓄電池，儲存光伏電力，提高自發自用比例，也可在非高峰期給蓄電池充電；用電高峰期使用，以減少電費開支，最重要的是當電網停電時，可以轉為離網運行，作為備用電源使用。

要點百寶箱

1. 太陽能系統分為離網獨立型系統、併網型系統、併離網混合型。
2. 山區偏遠地區適合安裝離網獨立型系統。
3. 併離網混合型系統可作為備用電源使用。

光伏發電站的種類

項目	離網獨立型系統	併網型系統	離併網混合型系統
主要構成	太陽能元件、逆變器、蓄電池、負載	太陽能元件、併網逆變器、負載和電網	太陽能元件、並離網逆變器、蓄電池、離網負載、並網負載和電網
工作邏輯	不依賴電網而獨立運行；有光照時將光伏電力轉換為家用交流電給負載供電，同時給蓄電池充電；無光照時，由蓄電池通過逆變器給交流負載供電。	光伏直流電力經逆變器轉換成交流電饋入電網。	有光照時，太陽能給負載供電，同時給蓄電池充電；無光照時，由蓄電池給負載供電；電網停電時，切換到離網模式，通過備援模式給重要負載供電，當電網恢復時，切回到併網工作。
應用場景	無電網地區；經常停電地區場所；偏僻山區、無電區、海島、通訊基站、路燈	大型地面電站；中型工商業電站；小型家用電站	電網不穩定且有重要負載；光伏自發自用無法餘量饋網；自用電價比網電價高很多；峰電比谷電價高很多
優勢	使用範圍廣；不受地域限制；不依賴電網'有陽光的地方就可以安裝	無需使蓄電池，節省成本；從投資角度看多餘的電可賣給電力公司，獲取收益。	在非高峰期利用儲存光電，提高自發自用比例。用電高峰期使用，以減少電費開支；停電時可離網運行，作為備援電源，確保用電安全。

3-12 離網獨立型太陽光電系統

獨立型太陽光電系統與市電完全切割、沒有任何關係。

由於太陽能資源隨天候而改變，太陽能發電系統發出的電並不穩定，無法直接提供給負載。為了給負載提供穩定的電源，獨立型太陽能光電系統必須藉助蓄電池才能給負載提供穩定的電源。當日照強度高時，太陽光電系統所產生電力高於負載消耗時，多餘電力便會儲存於蓄電池組，供夜間或陰雨天時供應負載用電，因此，獨立型系統的設計必須特別考量蓄電池的容量，以待夜間用電之所需。另外，還需要計算電力負載及陰天日數等安全係數等因子，再決定需要安置多少容量的太陽電池模組板，此外，在設計上，在太陽能電池陣列輸出端需要加裝阻隔二極體，以避免蓄電池電力回流燒毀太陽電池模組。設計較複雜，故價格較昂貴。

風光互補系統是一種新型的獨立型之發電系統，當夜間和陰雨天無陽光時由風能發電，晴天由太陽能發電，在既有風又有太陽的情況下兩者同時發揮作用，達成了全天候的發電功能，由於在資源上彌補了風電和光電獨立系統的缺陷，比單用太陽能與風力發電機更實用，同時，風電和光電系統在蓄電池組和逆變環節是可以通用的，所以風光互補發電系統的造價可以降低，系統成本趨於合理。

獨立型太陽光電或風光互補系統主要應用在市電網路無法到達的地區，例如高山、離島、或未開發地區等人煙鮮至偏遠地區，其次亦常應用於道路標示、資訊顯示板、路燈照明等，也用於地質勘探和野外考察工作站及其它用電不便地區。

要點百寶箱

1. 獨立型太陽光電系統完全不依賴市電。
2. 獨立型系統必須特別考量蓄電池的容量。
3. 風光互補系統一種新型的獨立型之發電系統。

離網獨立型光伏發電站

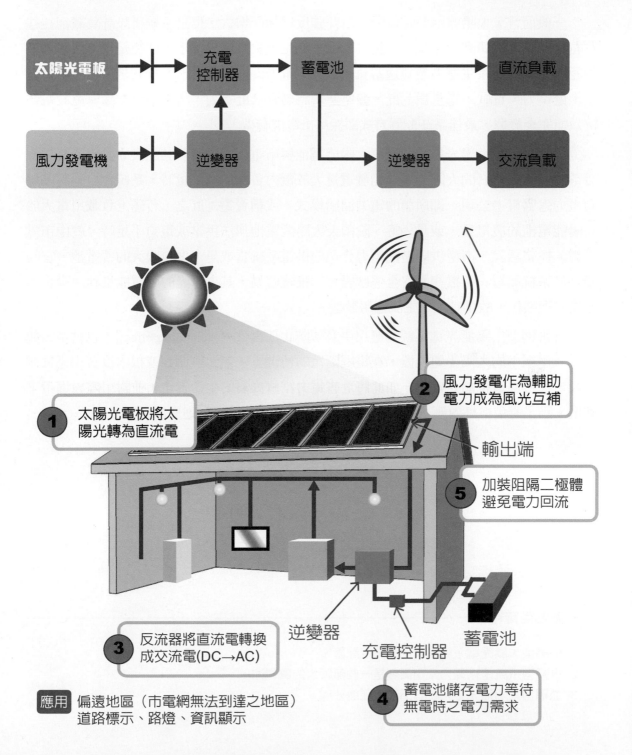

1 太陽光電板將太陽光轉為直流電

2 風力發電作為輔助電力成為風光互補

輸出端

5 加裝阻隔二極體避免電力回流

逆變器

充電控制器

蓄電池

3 反流器將直流電轉換成交流電(DC→AC)

4 蓄電池儲存電力等待無電時之電力需求

應用 偏遠地區（市電網無法到達之地區）道路標示、路燈、資訊顯示

3-13 併網型太陽光電系統

　　一般而言，太陽電池發電量隨著日照強度增加而增大，但是系統所設計負載卻往往左右太陽能電池陣列發電量，若是負載很小或是無負載的情況下，即使是夏季正午，太陽能電池陣列所產生電力若無適當負載消耗，電力即形同浪費。系統若是於正午時可產生十瓩電力，負載用電量為七瓩，發電系統將剩餘三瓩電力，所以要將太陽光電發電系統效能完全發揮，最佳系統配置方式即採用市電併聯型。

　　市電併聯型太陽光電系統是將太陽能電池與市電併聯使用，其加裝的換流器有逆流發電功能，即當日間太陽能電池的發電量大於電力負載的用電量時，系統會自動將多餘的電力送回電力公司，即所謂的電力回購模式，或稱賣電；反之，若碰上負載用電大於太陽能電池的發電量，或是夜晚、陰雨天太陽能電池無法供電或電力不足時，就由市電供電。換句話說，市電併聯是把電力公司的供電系統當成是一個無限大的蓄電池。它的優點是系統簡單、不需複雜安全係數設計、維護容易，其太陽光的發電能量利用率也高於獨立型系統，故是當前的主流應用類型。

　　在併網型太陽能光電系統的應用中必須防止孤島效應 (islanding effect)，也就是，如果併入電網中的太陽光電裝置，在電網斷電的情況下，無法檢測到或根本沒有相應檢測手段，仍然向電網饋送電量，如此將危害電力維修人員的生命安全，並對用電設備帶來破壞。為了避免孤島效應之發生，必須安裝反孤島效應的併網逆變器。

要點百寶箱

1. 併網型太陽光電系統是最佳的系統配置。
2. 併網型系統是把電力公司當成是一個無限大的蓄電池。
3. 並網型太陽能光電系統必須防止孤島效應。

併網型光伏型發電站

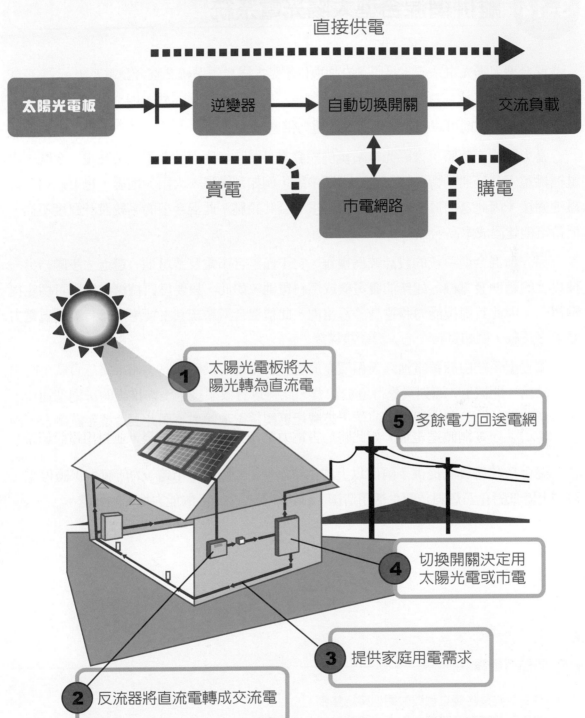

直接供電

太陽光電板 → 逆變器 → 自動切換開關 → 交流負載

賣電　市電網路　購電

1 太陽光電板將太陽光轉為直流電

5 多餘電力回送電網

4 切換開關決定用太陽光電或市電

3 提供家庭用電需求

2 反流器將直流電轉成交流電

3-14 離併網混合型太陽光電系統

混合型太陽光電系統，是將獨立型與併網型太陽光電系統之整合發電系統。

太陽光電系統一旦與其他多種發電系統，例如市電、輔助發電機、風力發電機等，混合搭配使用，則可以提供更為穩定的電力供應。

當太陽能充沛時，太陽光電系統併網發電，同時供應負載及蓄電池充電，夜晚則由電網供電；若是遇到特殊情況導致市電中斷，例如刮颱風、大雨、地震，也可以利用蓄電池備援，因此適用於有防災、救難需求的公共設施。此混合型的系統設計難度不高，但蓄電池建置成本高。

另一種混合型系統的設計較為複雜，它不僅整合市電及蓄電池，還進一步聯結另一種以上的輔助發電機，如柴油發電機或燃料電池，如此，只要燃料持續供應則可穩定提供電力，因此其備援能力將遠高於蓄電池，此種混合型系統其主要應用於有高品質電力需求之負載，例如資料中心、雲端設備等。

獨立型系統由於蓄電池每天循環充放電，蓄電池更換頻率高，如果緊急負載平時由市電供給，閒置 PV 陣列又覺得過於浪費，此時以有效率幾乎不需維護的併網型運作，在市電停電時才於獨立型模式運作，來減緩更換蓄電池頻率，因此混合型系統融合了兩種系統的優點。

混合系統為負載提供了兩個以上的供電系統 (太陽能和市電) 的所有與保護停電，再加上降低對化石燃料依賴生活用清潔，綠色能源提供他人的能力增加的好處。

要點百寶箱

1. 混合型統是將獨立型與併網型系統整合。
2. 混合型系統融合了獨立型與併網型兩種系統的優點。
3. 混合型系統可提供高品質電力。

離併網混合型光伏發電站

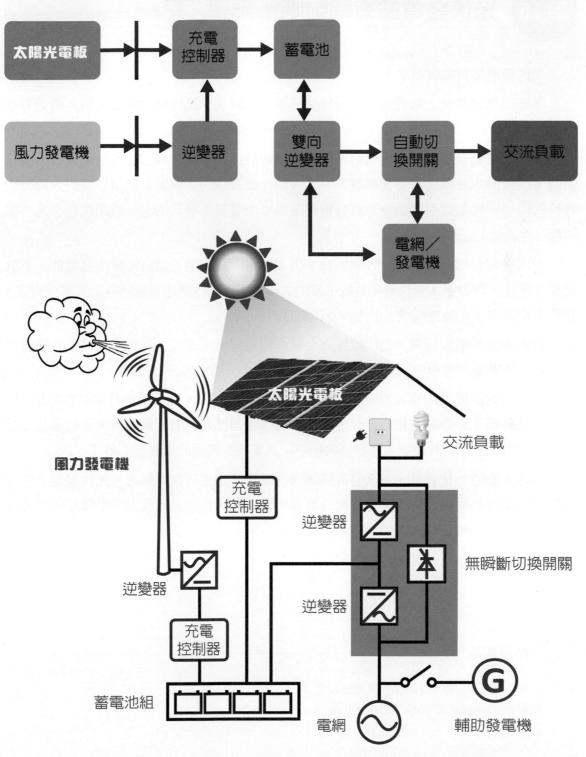

3-15 光伏發電站有輻射嗎？

光伏發電站有輻射嗎？

回答這個為提前，我們先要了解什麼是輻射？以及到底什麼樣的輻射對人體是有害的？

輻射的意義很廣泛，光是輻射，電磁波是輻射，粒子流是輻射，熱也是輻射，所以明確來說我們本身就處在各種輻射之中。人們一般提到的「輻射」是指那些對人體細胞有害的輻射，比如會引起癌變的或有相當高幾率引發基因變異的。一般來說包含短波輻射和一些高能粒子流。

光伏發電是根據光生伏特效應原理，用太陽電池將太陽光能直接轉化為電能。不論是獨立還是併網發電，光伏發電系統主要由太陽光電板、控制器和逆變器三大部分組成，它們主要由電子元器件構成，但不涉及機械部件。

就太陽能光電板而言，光伏效應完全就是能量轉化，在可見光範圍內吸收太陽能而將其轉化為電能，過程中沒有任何其它的產物，所以不會產生有害輻射。

而太陽能逆變器的電磁波與一般的電力電子產品一樣，裡面雖然有 IGBT 或者三極管，並且有幾十 k 的開關頻率，但是，所有的逆變器都有金屬遮罩外殼，並且產品都要符合安規的電磁相容性認證。逆變器的輻射，其實比家裡面的電視要小多了。

因此，不僅光伏元件，光伏發電整個過程是不會產生有害輻射的，光伏發電不僅沒有輻射，還可以反射一些太陽光裡面的有害的紫外線，至於光伏板支架是鋼結構起著支撐元件的作用，也沒有污染和輻射問題。

大家可以放心地安裝光伏啦！

要點百寶箱

1. 光伏發電的光電轉換過程不會產生輻射波。
2. 逆變器的輻射比家裡面的電視要小的多。
3. 電磁波、粒子流、熱都是輻射。

光伏發電站的輻射量

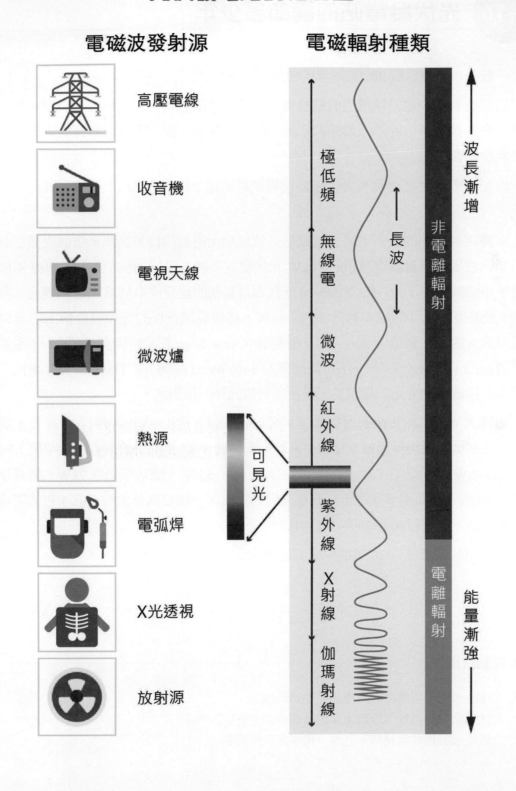

電磁波發射源

高壓電線
收音機
電視天線
微波爐
熱源
電弧焊
X光透視
放射源

電磁輻射種類

可見光

極低頻　無線電　微波　紅外線　紫外線　X射線　伽瑪射線

長波

非電離輻射　電離輻射

波長漸增　能量漸強

3-16 光伏發電站的壽命多少年？

一般光伏發電具有 20 ～ 35 年的使用壽命。

這個要看安裝電站所選用的材料與元件，選擇高品質、高規格的材料建光伏電站，使用壽命會長很多；此外，紫外線、風吹雨打、灰塵、砂石等都會影響太陽能板發電的壽命與性能表現。

說了半天，到底有沒有光伏組件已經使用超過 20 年呢？ 以下用幾個國內外的案例說明。

歐洲現存已知的最古老的光伏電站是位於瑞士南部的提契諾州，這個安裝在瑞士應用科學與藝術大學實驗室屋頂的 10kW 光伏發電系統，簡稱 TISO-10，自 1982 年併網以來幾乎不間斷運行了 40 年。TISO-10 光伏電站當初的建設成本約為 47.5 萬美元，共計有 288 片光電板，元件的成本約為 37 美元 /W，這種玻璃背板的元件每片輸出功率 37W，由當時最大的元件製造商 Arco Solar 所製造《Arco Solar 在當時擁有 1MW 的年產能，先被德國西門子收購，又在 2007 年被德國的 SolarWorld 收購。》TISO-10 除了更換了幾次逆變器、接線盒和旁路二極體外，幾乎所有的元件一用到底。

中國大陸安裝於雲南石屏縣牛達林場光伏項目，從 1995 年，運行 20 年後，總衰減效率為 7.69%，平均年衰減 0.38%；另外，安裝於 1983 年的甘肅省自然科學院太陽能研究基地 10kW 光伏電站，截止 2016 年，共運行了 33 年，總功率仍達 7kW，估算每年的衰減為 0.9%。上面兩個案例，一個在濕熱的雲南，一個在風沙大的西北，自然環境相對都比較相當，都運行超過 20 年、33 年。

光伏電站可以運行 20 年這件事，是真的！

🏠 要點百寶箱

1. 太陽能板的平均壽命大約會落在 20 年左右。
2. 光伏電站選用材料以及環境是影響壽命的主要原因。
3. 太陽能板的壽命與材料、元件、環境與天候有關。

光伏發電站的壽命

TISO－10電站，來源：SUPSI PV Lab

甘肅省科學院自然能源研究所太陽能基地

雲南石屏縣供電20年的光伏電站

3-17 光伏發電的應用場景有哪些？

　　隨著綠能的發展，全世界掀起一陣光伏應用熱潮，那麼，光伏發電在我們日常生活都可以有那些應用場景呢？

- 光伏城市：城市越來越繁榮，基礎設施、公共設施也越人性化。合理利用光伏不僅能為城市提供清潔能源，還能減少城市污染和能耗，當結合公共藝術，經常會成為地標有效提升市容，如光伏公交站、光伏車棚、光伏路燈等。

- 光伏屋頂：屋頂是光伏電站天然的安裝所，不僅可自發電自用或饋入電網，更可以有效遮蔽屋頂酷熱輻射。光照好、用電量大、產權清晰、屋頂結構優質、用電價格高的工商業建築物屋頂或頂樓平台經常是光伏投資企業的喜愛。

- 光伏建築：用光伏元件來做建築物外牆或代替玻璃帷幕，不僅美觀護牆，也可節省外牆材料，同時也能發電，高效利用，節約能源。

- 光伏圍牆：用雙面元件來做圍牆，既能起到圍牆的作用，同時也能發電，高效利用土地，節約能源，德國的高速公路圍擋已經在實踐了。

- 光伏公路：2017 年中國大陸首條光伏高速公路在山東通車。行車、發電兩不誤，跑在光伏路面的充電汽車擺脫了充電的困擾。

- 光伏汽車：有機融合光伏綠能、新能源車技、無人駕駛的綠色出行將會成為人們未來出行的主流方式！

- 光伏溫室：又稱光伏大棚溫室栽植的農業大棚頂裝上光伏，既能為棚內設備提供電力，也能利用光伏生產的電進行大棚溫度調控，

- 光伏魚塭：魚塭水面裝上光伏，既能為魚塭設備提供充足電力，還能有效提供水溫提高養殖產量等。

🏛 要點百寶箱

1. 光伏發電應用方方面面、無所不在。
2. 光伏屋頂可發電自用或饋入電網，更可遮蔽酷熱輻射。
3. 光伏公路行車、發電兩不誤。

光伏發電的應用場景

風力發電

　　早在西元前，中國、波斯及巴比倫等國就已利用風車汲水灌溉、碾磨穀物。風力發電則出現在十九世紀末，當時飛行器的研究相當盛行，因而發明了升力風車，再加上發電機的發明，加速了風力發電產業的發展。1997 年簽訂的京都議定書以及 2015 年的巴黎協議，都將風力發電發展列為減緩全球暖化的重要工具。風力發電產業發展至今可說是最成功的再生能源。

4-1 風從哪裡來？

孟浩然《春曉》詩句中，「春眠不覺曉，處處聞啼鳥，夜來風雨聲，花落詩多少」，可見，風自古以來就是人們最熟悉的自然現象。

風是相對於地球表面空氣的運動，它像水一樣是從壓力高處往壓力低處流，而太陽正是形成大氣壓差的原因，因此，風力能也是廣義的太陽能。

由於地球自轉軸與圍繞太陽的公轉軸面 (黃道面) 之間存在 66.5° 的夾角，因此對地球上不同地點，太陽照射角度是不同的，而且對同一地點一年 365 天中這個角度也是變化的。地球上某處所接受的太陽輻射能，正是與該地點太陽照射角的正弦成正比，地球南北極接受太陽輻射能少，所以溫度低、氣壓高；而赤道接受熱量多，溫度高、氣壓低。

再者，一天之中接受太陽能量不一的局部效應也會引起風，例如，由於海水熱容量大，接受太陽輻射能後，表面升溫慢，陸地熱容量小，升溫比較快。於是在白天，由於陸地空氣溫度高，空氣上升而形成海面吹向陸地的海陸風。反之在夜晚，海水降溫慢、海面空氣溫度高，空氣上升而形成由陸地吹向海面的陸海風。

根據估計，到達地球的太陽能中雖然大約只有 2% 轉化為風能，但其總量仍是十分可觀的。全球的風能約為 2.74×10^9 MW，其中可利用的風能為 2×10^7 MW，比地球上可開發利用的水力能總量還要大十倍。

要點百寶箱

1. 風是由溫差所引起的，太陽則是溫差主要貢獻者。
2. 科氏力效應產生季風。
3. 全球可利用的風能比水力能總量大上十倍。

風從哪裡來？

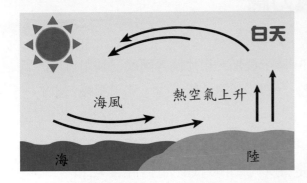

白天

海風　熱空氣上升

海　　陸

夜晚

陸風　冷空氣下降

海　　陸

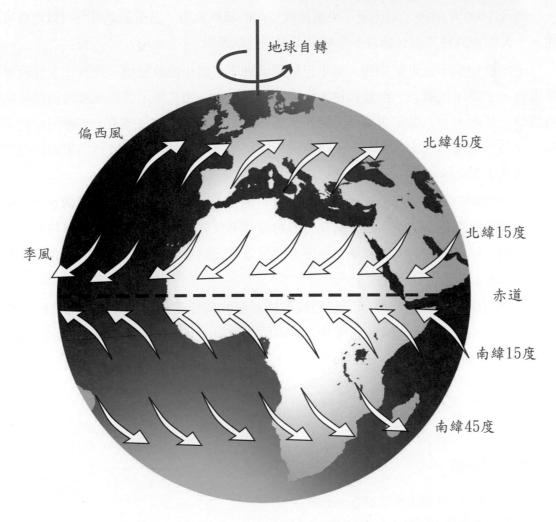

地球自轉

偏西風　　　　　北緯45度

　　　　　　　　北緯15度

季風　　　　　　赤道

　　　　　　　　南緯15度

　　　　　　　　南緯45度

4-2 風能利用的演進─風力篇

　　人類利用風能的歷史相當早，西元前，中國、波斯、巴比倫等國就已利用古老的風車汲水灌溉、碾磨穀物。東漢劉熙在《釋書》一書中曾寫「帆泛也，隨風張幔曰帆」，說明中國 1800 年前已開始利用風帆駕船。

　　1500 年前，在波斯 (現在中東地區) 首度出現利用帆船風帆做成風車的記錄，這種風車大概是從獸力推磨所演變出來的，也就是用風帆風車取代獸力作為碾穀之用。

　　西元 1000 年前後，則出現了沿垂直面旋轉的風帆風車，這種風車可更有效地捕獲風能，今天的塞浦路斯與希臘許多島嶼仍可看到此款風車。

　　十三世紀到十九世紀期間，風車已成為歐洲不可缺少的原動機，最具代表性就屬荷蘭風車，主要用於碾穀、榨油和鋸木，偶爾拿來抽水，尤其利用這些風車將沼澤抽乾作為農地。此外，十九世紀中葉在美國非常風行的多葉片的哈勒戴風車，主要用於乾旱地抽取深井的飲用水。十九世紀，風車的使用達到全盛時期。後來由於蒸汽機的出現才使風車數量急劇下降。

　　十九世紀中葉發明了發電機，而應用在用風車上則是十九世紀末的事情。二十世紀之後，風力發電僅持續使用於美國部分農村電網不及之處，以及丹麥部分農村。二戰之後，各國一時之間曾努力開發風力發電，但全球真正開始大量投入研發則是在二十世紀末的事情。

　　透過風帆或葉片將風的動能轉換成旋轉能量的機器我們通稱風車，而依照其功能可分成三個不同名稱，用來磨糧榨油的叫風磨 (windmill)，用來打水的叫風泵 (wind pump)，用來發電則叫風機 (wind turbine)。

要點百寶箱

1. 用來磨糧榨油的風車叫風磨 (windmill)。
2. 用來打水的風車叫風泵 (wind pump)。
3. 用來發電的風車則叫風機 (wind turbine)。

風能利用的演進 — 風力篇

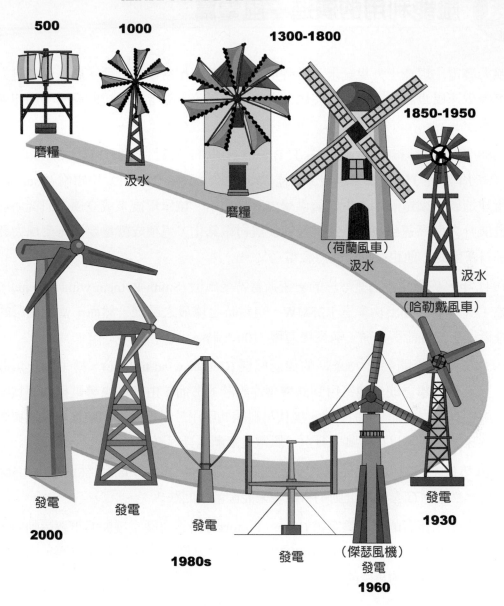

4-3 風能利用的演進—風電篇

　　風力發電出現在十九世紀末，當時飛行器的研究相當盛行，除了原本使用阻力的荷蘭風車等低速風車之外，也發明使用升力的高速風車，加上發電機的發明，加速風力發電產業的發展。

　　1888 年，美國布拉許 (Charles F. Brush) 打造 17 公尺直徑、144 片葉片的風機，12kW 的功率點亮 350 個鎢絲燈泡，長達 20 年之久；1891 年，丹麥拉庫爾 (Poul La Cour) 利用所建造風機來電解水產生氫氣供學校實驗之用。拉庫爾後來成立風力研究所，有系統地發展升力型高速風車，將其普及而使農村電氣化，這項成就奠定了丹麥風力發電王國的基石，因此，他也被稱作風力發電之父。

　　1941 年，美國開發出雙葉片的史密斯普特曼風機 (Smith-Putnam wind turbine)，轉子直徑達 175 英呎，輸出功率達 1.25MW，是當時全球最大風機，然而，當時使用的材料大幅降低了它的性能與壽命，前後僅運轉 1100 小時。

　　1957 年，丹麥開發出 200kW 的傑瑟風機 (Gedser wind turbine)，轉子設計類似飛機機翼，空氣動力學已成功地應用到風機葉片設計。然而，由於燃煤發電相當便宜，因此風機發展相當緩慢。而 1960 年代，現代材料開始應用於風機葉片，如玻璃纖維與塑料。材質輕意味著風機可以在微風下發電，風電也漸漸地具經濟性。

　　1970 年代，石油危機促使風機發展加速，美國 NASA 於 1982 年然開發出 2.5MW 超大型風機，然而，商業化的推動仍不敵後來能源價格回跌。

　　二十世紀末簽訂的京都議定書 (Kyoto Protocol) 是風力發電發展的重要驅動力，一般認為風力發電將是化石燃料所導致的環境污染與全球暖化問題的解決方案，風機產業發展之今可說是最成功的再生能源。

要點百寶箱

1. 升力風車加上發電機，加速了風力發電產業發展。
2. 便宜的燃煤發電使得風機發展相當緩慢。
3. 京都議定書是風力發電的重要驅動力。

風能利用的演進

布拉許的風機

十七世紀的打水用荷蘭風車

二十世紀初風行北美的打水風車

現代風機

4-4 風力如何變電力？

由於太陽的照射地球表面各處的溫度、氣壓變化，氣流就會從壓力高處向壓力低處運動，以便把熱量從熱帶向兩極輸送，因此形成不同方向的風，並伴隨不同的氣象變化。大氣的流動也像水流一樣是從壓力高處往壓力低處流。太陽能正是形成大氣壓差的原因，也就是風的起源。

首先，風車乃將風的動能轉化為機械能，也就是利用渦輪葉片帶動的轉子將氣流動能轉換為旋轉機械能，這個機械能可以用來幫忙我們作工，例如汲水、磨麥，如果是用來發電的話，就先將此旋轉機械能藉由加速齒輪增加旋轉軸的轉速，然後透過電磁感應來發電，也有不使用加速齒輪，而增加發電機數量，以較低轉速來發電的方式。

大型風機所產生的電力，可以連接到電網上使用。這時候產生的電力會透過電纜線連接到升壓變電器 (booster)，提高電壓之後再經過系統配電盤投入供電網路。另外，風機的運轉資訊可以透過網路即時傳送到當地風力農場辦公室。不僅如此，風力發電公司總部可以透過網路全球運轉中的風車進行即時交換資訊。

風車控制乃藉由內建在風車塔上機艙的風向計與風速計來收集資訊，隨著風速來改變風車葉片角度，控制轉速，並配合風向來調整風車旋轉面，使其保持迎風。一般而言，風機會裝在風最強的地方。

要點百寶箱

1. 風車乃將風的動能轉化為機械能。
2. 電磁感應將機械能轉變成電能。
3. 大型風機所產生的電力可升壓連接到電網上使用。

從風力變電力

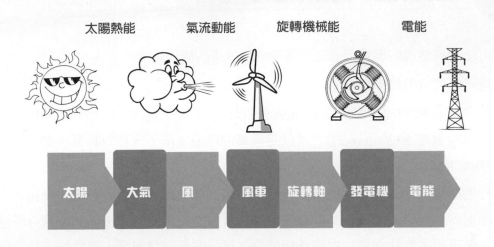

太陽熱能　　氣流動能　　旋轉機械能　　　電能

太陽　大氣　風　風車　旋轉軸　發電機　電能

風力發電廠與電力系統

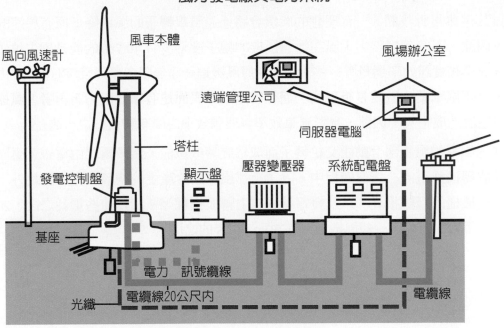

4-5　能夠從風中抽取多少電力？

有可能將自然風的能量百分之百轉換成為風車的旋轉動能嗎？

究竟可以從自然風中抽取多少電力？

1919 年，德國物理學家貝茲 (Albert Betz) 自牛頓第二定律推導出，風車能夠從風中提取最大的能量是 59.3% (16/27)，這就是風車的理論效率，或稱作貝茲係數，或稱為貝茲極限 (Betz limit)。

為什麼風車無法從將風中的能量全部抽走呢？如果風車將風的能量完全抽走，代表著氣流通過轉子後必須靜止，而當空氣分子佔著位置不走將阻止後面的空氣分子往前流動，如此風車根本無法從風中提取任何能量。另一個極端情況是，風能夠不受任何阻礙地通過風車，在這種情況下，風車也不能從風中提取任何能量。

貝茲定律告訴我們，一台理想的風機會將通過風車轉子的風速降低原有風速的三分之一，因此，不管怎麼努力，風在通過風機的轉子後至少有 40.7% 的能量損失掉了。然而理論效率和實際效率還是有一些落差，理想風機是一座無限多葉片且沒有阻力的風機，然而，實際風車葉片數量是有限的，而且實際風車表面是有摩擦阻力，再者，風機後方會產生尾流造成損失，因此，實際風車效率與理想效率之間有約百分之十的差距。

通過風車的風將部分動能交給轉子而成為旋轉機械能，然後再藉由電磁感應原理將旋轉動能轉換為電能。這個過程中，除了上述風車葉片產生的空氣動力學損耗外，還有加速齒輪機構的摩擦損耗，以及發電機的電力轉換損耗等。扣掉這些損耗之後，才是實際得到的電力。因此，一般風機效率在 30 ～ 40% 的之間。

 要點百寶箱

1. 貝茲定律確認風車最多能夠從風中提取 59.3% 的能量。
2. 理想風機是一座無限多葉片且沒有阻力的風機。
3. 一般風機效率在 30 ～ 40% 之間。

風力發電機的效率

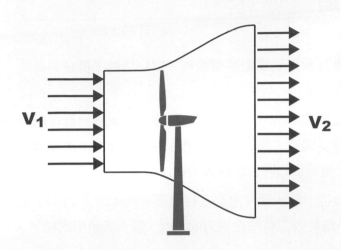

貝茲定律

最大效率 → $\dfrac{V_2}{V_1} = \dfrac{1}{3}$

$$\frac{P}{P_0} = \frac{1}{2}\left[1-\left(\frac{V_2}{V_1}\right)^2\right]\left(1+\frac{V_2}{V_1}\right)$$
$$= \frac{16}{27} = 59.3\%$$

P_0：進入風機風的能量
P：風機吸收的能量

風子的告白

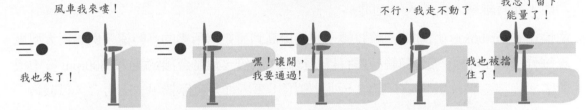

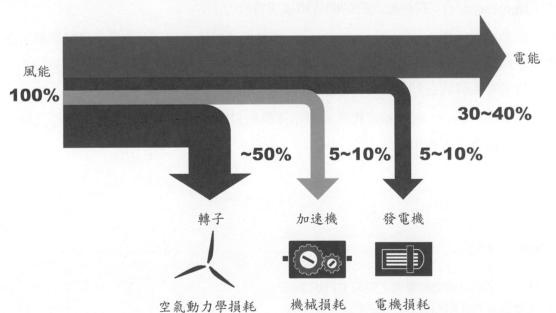

風能 100%

電能

30~40%

~50%　　5~10%　　5~10%

轉子　　加速機　　發電機

空氣動力學損耗　機械損耗　電機損耗

4-6 風力發電機的構造

　　常見的大型風力發電機大都是三葉片水平軸螺旋槳型風車。螺旋槳轉子掛在高高的塔柱上，後面則揹著諾大機艙。主要構件有：

1. 葉片 (blade)：一般使用玻璃纖維強化塑膠 GFRP 製作成中空葉片，與家裡浴缸用的材質一樣，具有質輕強韌特性，並能承受颱風之類的強風。葉片截面一般採用流線型的設計，只要有微風就會開始旋轉，大型風車的啟動風速大約在 3 ～ 4m/s。

2. 塔柱 (tower)：通常高度隨著葉片長度而改變，葉片愈長塔柱愈高，Vestas 的 V164，葉片長 82 公尺，塔柱高度達 138 公尺。塔柱內部有輸送電力的電纜，攀上機艙用的梯子，或是簡易電梯。

3. 機艙 (cabinet)：是收容了齒輪箱、發電機等風機主要元件的地方，有防水、防噪音的功能，並有維修人員進入的空間。

4. 齒輪箱 (gear box)：用加速齒輪將轉子轉速提高到發電機所需的高轉速。例如，大型風車每分鐘轉 15 圈，加速齒輪必須將轉速提高 100 倍，以符合額定轉速 1500rpm 發電機所需。

5. 發電機 (generator)：將轉軸的旋轉動能轉換成電能。

6. 橫搖驅動器與馬達 (yaw drive and motor)：機艙與塔柱的連接部分有數個橫搖驅動馬達與變速齒輪。根據機艙上的風向標，橫搖驅動控制馬達會讓整個機艙「搖頭晃腦」，以保持風車旋轉面在迎風狀態，確保風機始終產生最大量的電能。

7. 控制器 (controller)：依據風速和風向來指揮螺距控制器、發電機、橫搖馬達等元件，是掌握風機車運轉的中樞。

要點百寶箱

1. 葉片一般使用玻璃纖維強化塑膠 GFRP 製成。
2. 機艙是收容齒輪箱與發電機的地方。
3. 控制器是風機車運轉的中樞。

風力發電機的結構

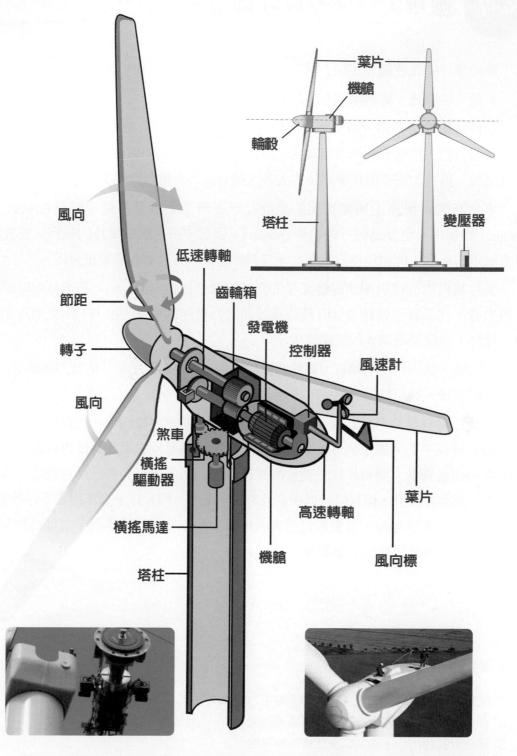

葉片
機艙
輪轂
塔柱
變壓器

風向
低速轉軸
齒輪箱
節距
發電機
轉子
控制器
風速計
風向
煞車
橫搖
驅動器
橫搖馬達
高速轉軸
葉片
塔柱
機艙
風向標

4-7 風車葉片要幾片才夠力？

風車葉片究竟要幾片才夠力啊？

多數人會直覺，當然是越多片越夠力。

這個邏輯並沒有錯，越多葉片可以擋下更多的風，留下越多的能量。但是，貝茲定理也告訴我們，把吹來的風速度降成三分之一就可以從風中截取到最多的能量 (59.3%)，也就是說，葉片太密集而把風速降的太多，捕獲風的能量反而變少。

單位時間從風車上所截獲風的動能反應在轉子上就是的葉片轉速 (speed) 與扭力 (torque) 的乘積，也就是轉子的功率 (power)。因此，決定風車葉片的數目，首先必須先確定風車的用途，例如用作發電則必須強調轉速快，打水磨麥則需扭力強。

葉片總投影面積對風車旋轉面積的比值叫做弦周比 (solidity)。抽水泵或壓縮機等需大扭力者，在設計上就是希望直接將風減速的力量作為葉片的推力，因此葉片迎風面積越大越好，也就是要求大的弦周比大。

相對地，弦周比小的風車，葉片迎風面積小，主要係利用葉片的升力推動葉片旋轉，由於行轉速快，適用於須高轉速的機器，例如發電機。

單葉片與雙葉片之設計轉速雖快，但因為平衡問題容易損壞，相對地，三葉片轉速夠快而且沒有平衡問題，另外，葉片數量越少，可靠運行的葉片長度也會越短，捕獲風能的能力也會降低。雙葉片和三葉片的風機均具有高效率，然而三葉片設計之力學結構明顯優於兩葉片設計，而且可降低噪音且啟動無死角。四片以上風車通常不作發電用途，而是用來汲水或磨麵粉，需要的是強大的扭力，例如美國西部電影中常見到的多葉片汲水風車，或是葉片很寬的荷蘭風車。

 要點百寶箱

1. 風車所截獲風的功率就是葉片轉速與扭力的乘積。
2. 葉片迎風面積大適合作為抽水泵或壓縮機。
3. 葉片少弦周比小，適合高速旋轉的發電機。

風車葉片的數量與設計

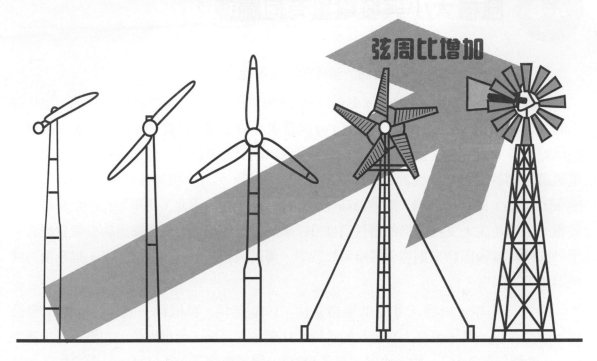

弦周比增加

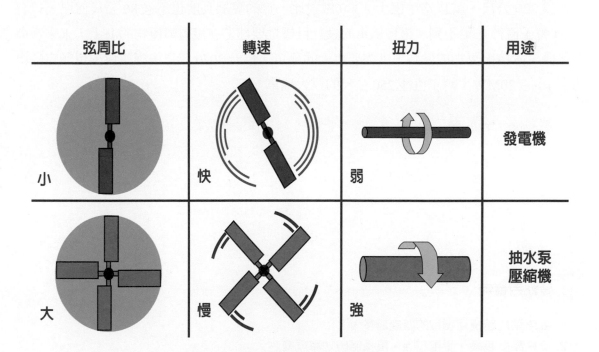

弦周比	轉速	扭力	用途
小	快	弱	發電機
大	慢	強	抽水泵 壓縮機

弦周比(Soliity)：葉片總投影面積對風車旋轉面積的比值

4-8 風機大小與發電量有何關連？

　　風機藉由風力轉動葉片，將風的動能轉換成電能。

　　根據牛頓第二定律 (Newton Second Law)，風車從風中所獲取的能量，與風車葉片掃過的受風面積 (A) 成正比，又與風速 (V) 的三次方成正比，因此，風車葉片越長可獲取的風能越多，而當風速變成兩倍時，風車可取出的風能就變成八倍，也就是說，風力發電裝置原則就是要把最大的風車裝在風最強的地方。另外，根據邊界層理論 (Boundary layer theory)，同一個風場，離地面高度越高風力就越強，因此，風車架設的越高越有利發電，也就是說，支撐風機的塔柱高度 (H) 越高，受風越強，風機輸出功率就會越大。至於風機實際輸出功率則還要考慮葉片效率、傳動系統效率、發電機效率、以及電力轉換器效率等因素。

　　過去三十年，風機尺寸的進展相當快。1980 年代，風機轉子直徑也不過十幾公尺，時至今日，轉子直徑上百公尺的風機比比皆是。目前，全世界最大的風車是由丹麥 Vestas 所製造的 V164，額定輸出功率為 8MW，轉子直徑達 164 公尺，包含葉片在內總高度為 220 公尺，就以空中巴士 A380 做對比，它的翼展長度也不過 80 公尺而已，只有 V164 轉子直徑一半不到。這種風車的設計目標是要建造在沒有障礙物的海上，未來當海上風機設置技術更加成熟時，就需要更大的風車。預計 2020 年以後應該會出現額定輸出功率 10 ～ 20MW，轉子直徑 250 公尺的巨大風車。

 要點百寶箱

1. 風車葉片越長可獲取的風能越多。
2. 塔柱高度越高，受風越強，風機輸出功率就會越大。
3. 現在最大風車為 8MW，2020 年以後將會出現 20MW 的巨大風車。

風車大小與輸出功率的關係

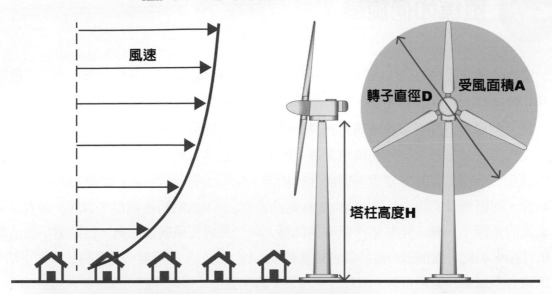

$$P = \frac{1}{2}mV^2 = \frac{1}{2}(\rho AV)V^2 = \frac{1}{2}\rho AV^3$$

P：風力提供功率(W)
ρ：空氣密度(kg/m³)
A：受風面積(m²)
V：風速(m/s)
m：空氣流量(kg/s)

葉片愈長 ➔ 受風面積**A**愈大 ➔ 功率愈高

塔柱愈高 ➔ 風速**V**愈大 ➔ 功率愈高

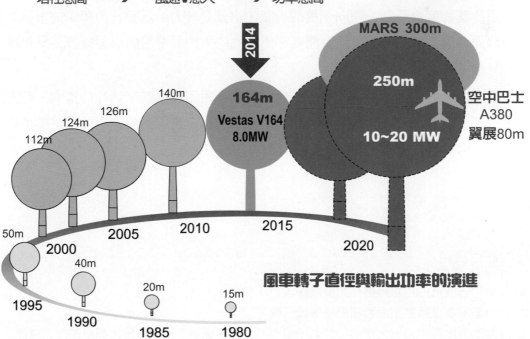

風車轉子直徑與輸出功率的演進

4-9　風車如何旋轉？

　　風車依照功能性可分成抗力型 (或阻力型) 風車 (drag-based wind turbine) 與升力型風車 (lift-based wind turbine) 兩種。汲水泵需要大扭力而發電機要的是高轉速。

　　抗力型風車就像迎風撐傘前進一樣，會被風給吹回來，這就是牛頓第三定律作用力等於反作用力的原理。作用在風車葉片上的正向力也稱為動壓，它與速度平方成正比，與物體受力面積成正比。然而，即使面積相同，受風面的形狀也會影響阻力大小，例如半圓管，凹面所受的阻力係數 (C_D = 2.3) 是凸面 (C_D = 1.2) 的將近兩倍，因此，兩者所承受氣流的動壓不一樣，由於槓桿原理使動壓大的凹面會被風向前推動，而動壓小的凸面逆風往後，如此，兩個凹凸葉片就會繞著轉軸旋轉。由於半圓管無法轉動得比風速更快，所以抗力型風車只能慢慢轉。回想古老時候，將牛套上一根橫桿繞著圈子轉來推動磨子，不就和抗力型風車運轉模式一樣。

　　升力型風車是利用風力抬起葉片而旋轉。升力型風車葉片的剖面做的和飛機機翼一樣，當風吹過葉片，沿著葉片上緣的空氣流動速度會比下緣氣流速度來的快，根據白努力定律 (Bernoulli's theory)，葉片上方的跑的快空氣的靜壓力會比下方跑的慢空氣的靜壓力小，因此葉片就會受到一股向上推的力量，這就是升力。這股升力與風向垂直，因此風車旋轉面與風向成垂直。目前台灣西岸所看到的大型發電用的三葉螺旋槳風車就是屬於升力型風車。

　　簡言之，不同種類的風車，應用不同形式的作用力作為風車葉片的推力。升力型風車利用白努力定律將升力作為葉片之推力；阻力型風車推力與風向平行，主要是藉由作用力與反作用力定律，將風力直接作為推動葉片的力量。

要點百寶箱

1. 風車可分成抗力型風車與升力型風車。
2. 升力型風車葉片的剖面和和飛機機翼一樣。
3. 升力型風車利用白努力定律，抗力型風車乃利用牛頓第三定律作用力與反作用力原理。

風車如何旋轉？

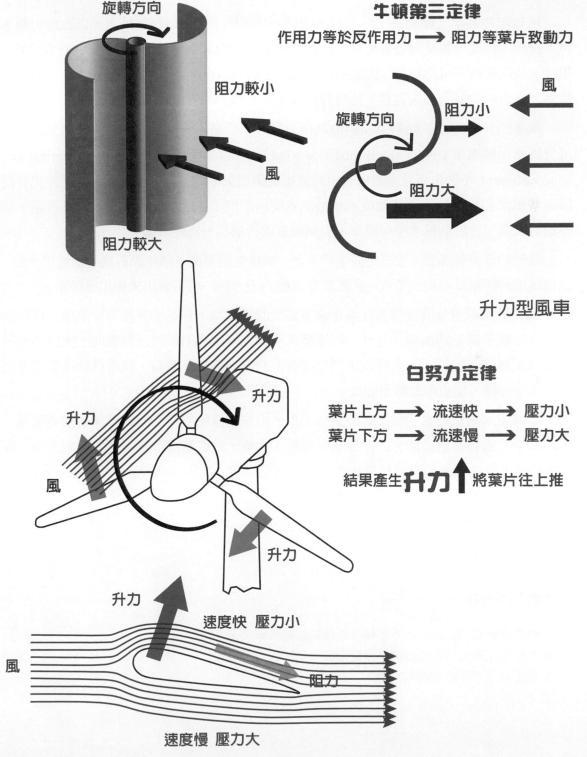

抗力型風車

旋轉方向

阻力較小

風

阻力較大

牛頓第三定律

作用力等於反作用力 ⟶ 阻力等葉片致動力

阻力小

風

旋轉方向

阻力大

升力型風車

升力

升力

風

升力

白努力定律

葉片上方 ⟶ 流速快 ⟶ 壓力小
葉片下方 ⟶ 流速慢 ⟶ 壓力大

結果產生 **升力**↑ 將葉片往上推

升力

速度快 壓力小

風

阻力

速度慢 壓力大

4-10 風車有那些種類？

　　風車起源甚早，歐洲從十四世紀之後就開始用風車來磨麵粉、汲水，以致於切割木材、攪拌、榨油、製紙等各種用途。而且根據不同的國家與地區，會有地形、社會文化、用途、技術傳統、可用材料，因此出現了各式各樣的風車。風力發電從十九世紀末開始，隨著二十世紀的航空技術發達，短時間內就進步至今。

　　風車的分類可以依輪轂方向與形狀作分類。一般是用旋轉軸對地面的方向來區分，可分成水平軸風車 HAWT (horizontal axis wind turbine) 與垂直軸風車 VAWT (vertical axis wind turbine)，不過也有在垂直導管中設置螺旋槳型風車的垂直旋轉軸風車，另外也有把橫流型風車和桶型轉子風車改成水平軸風車使用的例子。所以比較正確定義應該是，旋轉軸對風向平行的稱為水平軸風車，對風向垂直的稱為垂直軸風車。

　　最早的垂直軸風車，大概是從牛繞套上一根橫桿繞著圈子轉推動石磨所演變出來的。這種風車的轉軸是與地表垂直，大部份是在軸的下方裝一個石磨用來磨和種穀類。

　　水平軸風車還分成旋轉面在塔身前方迎風的迎風型，和在塔身後方背風型。目前的大型風車幾乎都是迎風型。另外，迎風型風車的旋轉面必須保持正對風向，所以小型風車會用尾翼控制旋轉面，大型風車則用機艙上的方向器探測風向，再用橫搖控制馬達讓整個機艙旋轉，使風車旋轉面迎風。

　　目前主流雖然是水平軸的螺旋槳型風車，但是垂直軸的打蛋型風車卻有構造簡單、零件較少、重心接近地面、安定性高等優點。此外，垂直軸風車是不需要控制方向，在風向變化大的地方，相當具有發展潛力。

要點百寶箱

1. 風車依輪轂方向可分成水平軸風車與垂直軸風車。
2. 水平軸風車分成迎風型與背風型兩種。
3. 垂直軸風車不需要控制方向。

風車有的種類

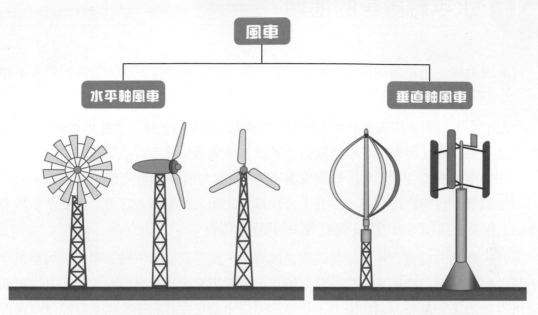

風向與旋轉軸平行　　　　風向與旋轉軸垂直

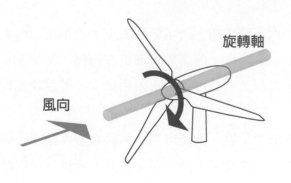

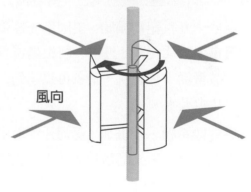

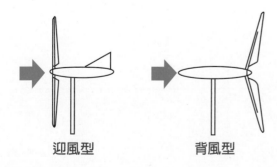

迎風型　　　　背風型

4-11 水平軸風車的種類

目前風力發電所使用的風車，幾乎都是三葉片的螺旋槳型風車，這是典型水平軸風車。

升力型水平軸風車出現在十九世紀末，就歷史角度來看，算是一種相當新穎的種類。十九世紀中葉以來，與航空工程有關的空氣動力學突飛猛進，有這樣的成果，才能設計出使用升力推動的高性能葉片。螺旋槳風車均適用大小型風力發電機，有直徑一公尺以下的小型風車，也有直徑超過一百五十公尺以上的超大型風車。它可以說是空氣動力學與控制工程長久累積下來成果，最有效率的風車型態。

另外，在風力發電實用化之前的代表性風車，就是同屬水平軸風車的荷蘭型風車。從十四世紀開始，這種風車屬於抗力型風車，普遍用來汲水或磨麵粉。到十九世紀初，荷蘭已經建造了一萬座左右的風車，一座直徑二十公尺左右的標準風車就能做兩百份的工作。後來歐洲各國模仿荷蘭風車建造自己的風車，現在仍保存著許多風車，成為歷史古蹟。

至於十九世紀初開始，美國率先建造了六百萬座以上的多葉型風車，也是抗力型水平軸風車。目前美國、澳洲、阿根廷還有十五萬座以上的這類風車正在運轉。這種風車的葉片數量從十片起跳，最多可以達到二十片以上，旋轉軸的扭力相當大，所以能從較深的水井中汲水。

另外像希臘、西班牙、葡萄牙等地中海沿岸地區，則使用三角形帆布製作轉子，作成風帆型風車，用來磨麵粉或汲水。或許是因為這種風車既浪漫又懷舊，所以也是當地的觀光地標。從歷史上來看，水平軸風車可以說是風車的代表。

要點百寶箱

1. 三葉片螺旋槳型風車是典型水平軸風車。
2. 荷蘭型風車是抗力型水平軸風車。
3. 風帆型風車屬於水平軸風車。

水平軸風車的型式

荷蘭型風車

多葉型風車

風帆型風車

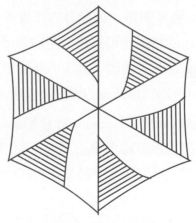

螺旋槳型風車

4-12 常見的垂直軸風車

　　最早的垂直軸風車大概是從牛推磨所演變出來的，也就是牛繞套上一根橫桿繞著圈子轉進而推動磨子的形式。垂直軸風車一般不需追風定向，因此風向變化影響較小。常見的垂直軸風車有桶型與打蛋型兩種，以下簡要說明。

　　Savonius 桶型風車：屬於阻力型風車。結構相當簡單，只要將圓筒縱切成兩半，兩半錯開之後，在中間加上旋轉軸就可以完成，是很受歡迎的手工風車。這種風車是 1930 年代芬蘭人 Savonius 所構思出來的，由於是以阻力來旋轉，所以轉速較低，不適合用來發電，但作為建築物、車輛內部換氣之用，或是用來汲水。

　　Darrieus 打蛋型風車：是一種升力型的垂直軸風車，由法國人 Darrieus 於 1930 年代所提出來的。在旋轉軸的上下兩端，安裝有如弓一般的二或三片翼型葉片，外型就像打蛋器一樣。旋轉中的葉片則有如跳繩，可以承受旋轉時的強大離心力，這種風車適合發電，但缺點是不易自己啟動，有時需借助馬達來啟動。

　　Turby 風車則是一種變形的打蛋形垂直軸風車，是由三個螺旋形扭曲的垂直翼型葉片組成，它的特徵是可以將扭距均勻地分佈在整個轉軸上，以避免直型葉片 (Darrieus 風機) 因脈衝而引起破壞，其次，無論是迎風面或背風面，風都可以產生扭距來推動每一個葉片，可解決 Darrieus 風機不易啟動的問題。

　　Giromill 風機：Giromill 的 H 形鋼設計也涵蓋在 Darrieus1927 年的專利中，它將打蛋器刀片更換為為直線型垂直葉片，利用水平支撐連接到中央桅杆，Giromills 風機適合在紊流下操作，是取代水平軸風車的經濟實惠選擇之一。

🏠 要點百寶箱

1. Savonius 桶型風車屬於阻力型垂直軸風車。
2. Darrieus 打蛋型風車是一種升力型的垂直軸風車，適合發電。
3. Turby 風車可解決 Darrieus 風車不易啟動的問題。

各式各樣的垂直軸風車

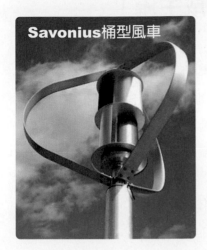

Savonius桶型風車

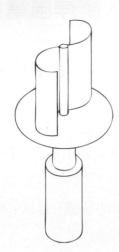

抗力行風車

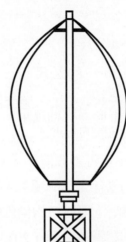

升力行風車

Darrieus打蛋型風車

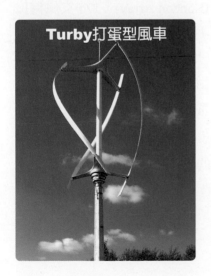

Turby打蛋型風車

Giromills打蛋型風車

4-13 從陸地到海上，離岸風電將成主流！

由於土地資源有限，風力發電有逐漸從陸域發展至海上的趨勢。

海上風場又稱離岸風場 (offshore wind farm)，主要由海上風機、海底基樁、連結件、海上變電站、海底電纜、陸上電纜以及陸上變電站等硬體構成。海上風場所產生的電力將會透過海上變電站收集且升壓之後，經由海底電纜傳輸至陸上電纜，最後併聯至陸上變電站。

根據海水深度，目前海上風機需採用的基座，有以下幾個類型：

1. 單柱基座，適合水深 30 公尺以內區域。

2. 三腳架基座，用於水深 20 ～ 80 公尺。

3. 重力式基座，用於在水深 20 ～ 80 公尺。

4. 三腳架之吸力式沉箱基座，水深 20 ～ 80 公尺。

5. 傳統鋼製塔架式，如用在石油和天然氣工業，適合用在水深 20 ～ 80 公尺。

6. 更深的水域則可採用浮式風力渦輪機的設計。

現代海上風電始於歐洲，1991 年丹麥設置了全球第一個海上風場，在 2013 年，全球海上風電裝機容量 1567MW，佔當年全球風電裝機容量 11,159MW 的 14%。目前全世界上最大的離岸風場是位於英國泰晤士河河口的倫敦陣列 (London Array)，175 支風機提供 630MW 之發電容量，整個風場長達 20 公里，2013 年 4 月 175 支風機全面投入運行，2015 年 12 月發電量達 369 GWh，月容量因數高達 78.9%。倫敦陣列第二階段計畫將另外安裝 166 支風機，將發電容量增加到 1000MW，然而，由於皇家保護鳥類協會提出影響當地紅喉潛鳥生態的關切，第二階段計畫於 2014 年 2 月取消。

根據美國再生能源研究所 NREL 在 2012 年的研究顯示，台灣蘊藏 652GW 的海上風電，以目前海上風機的容量因素 35% 計算，完成 652GW 的海上風場建構的話，每年可提供約 2000TWh 發電量，將近是台灣 2012 年用電量的十倍。

🏛 要點百寶箱

1. 土地資源有限使得風電逐漸從陸域往海域發展。
2. 全球最大海上風場位於英國泰晤士河口的倫敦陣列。
3. 台灣海上風場預估可提供年用電量的十倍。

海上風機之設計

海上風機基座設計

單柱式基座

吸力式沉箱

三樁式

重力式基座

塔架式基座

浮力式海上風機概念設計

倫敦陣列

資料來源：UpWind.eu, NREL

4-14　風機的電力如何計算？

由於風速並不穩定，因此風機並無法像使用燃料的火力發電廠一樣，可以依照用電需求來調整發電量，風力發電整年發電量的計算方法與其他能源不同，除了風機大小外，還有風機的位置。

以比利時 Turbowinds-T400-34 風機的特徵曲線為例，當風速到達切入風速 (cut-in speed) 3m/s 時，風車葉片開始旋轉並牽引發電機開始發電。隨著風力增加，輸出功率會隨著風速三次方增加而增加；當風速達到額定風速 14m/s 時，風電機會以 400kW 最大功率輸出，這就是所謂的額定功率 (nominal power)；當達到切出風速 (cut-out speed) 25m/s 時，風機即剎車而不再輸出功率，以保護風機避免受損。

風車設計的額定風速 14m/s 時有最大輸出功率，然而，實際上風並非以定速吹拂，而且幾乎大部分時間的輸出都在額定功率以下。雖然風機的輸出功率是難以預測的，但用每年發電量的變化可以在幾個百分比之內。安裝良好的風力發電機實際的全年發電量可達最大發電量的 35%，這就是所謂容量因素 (capacity factor)。換言之，1,000kW 的風力發電機與一般電廠 350kW 燃氣輪機每年發電量相當。

當容量因素為 30% 時，一座額定功率 400kW 的風機，每年大約可以發出一百萬度 (1051MWh) 的電力，這個電力足以提供 262 個家庭全年的電力使用量，如果作為電動車充電之用，則可以提供 525 部電動車一年行駛里程所需的電量；當換算成美國 2005 年電網每度電力的平均碳排放量 (687gCO$_2$/kWh) 時，這座風機的發電量可以減少 721 公噸的二氧化碳排放量。

要點百寶箱

1. 一般風車切入風速約 3m/s 時，切出風速約 25m/s。
2. 安裝良好的風機容量因素可達 35%。
3. 400kW 的風機，可提供 262 個家庭全年的用電量，同時減少 721 公噸的二氧化碳排放量。
4. 2005 年美國電網的電力碳排放係數 (含輸送損失) 約為 687 gCO$_2$/kWh。
5. 2015 年台灣電網的電力碳排放係數 (不含輸送損失) 約為 0.528 gCO$_2$/kWh。

如何計算風機發電量？

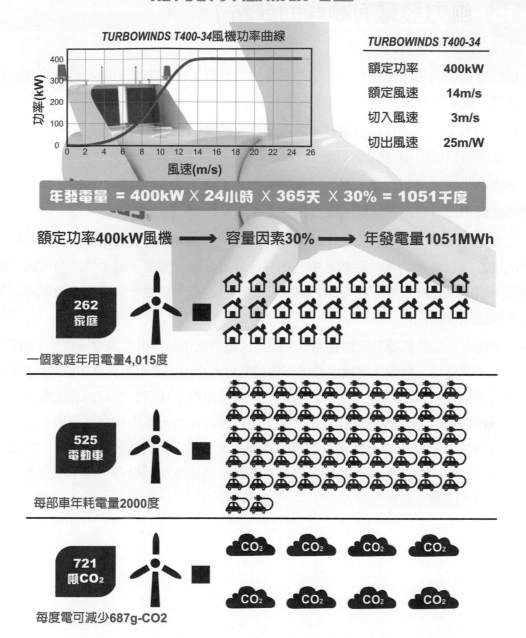

TURBOWINDS T400-34風機功率曲線

功率(kW) 400 300 200 100 0
風速(m/s) 0 2 4 6 8 10 12 14 16 18 20 22 24 26

TURBOWINDS T400-34

額定功率	400kW
額定風速	14m/s
切入風速	3m/s
切出風速	25m/W

年發電量 = 400kW ✕ 24小時 ✕ 365天 ✕ 30% = 1051千度

額定功率400kW風機 ➝ 容量因素30% ➝ 年發電量1051MWh

262 家庭

一個家庭年用電量4,015度

525 電動車

每部車年耗電量2000度

721 噸CO₂

每度電可減少687g-CO2

4-15 風力發電有哪些的缺點？

　　相較於目前的主流發電技術，風力發電的優點有不排放二氧化碳，也沒有其它污染物，而且，風是免費的。那風力發電有哪些缺點呢？

1. 噪音：中大型風力發電機發電時，會發出龐大的噪音，所以設立地點必須遠離住家，都會區則可以使用小型低噪音機種。

2. 土地資源：風力發電需要大量土地興建風力發電場，當土地資源逐漸減少時，目前積極推動海上風力發電，但海上風力發電成本較高。

3. 對生態衝擊：風力發電在生態上的問題是可能干擾鳥類，如美國堪薩斯州的松雞在風車出現之後已漸漸消失。目前其中一個解決方案是海上發電，海上風力發電成本雖然較高，但效率也高；另一個解決方案則是小型垂直風力發電，這種風力發電可以架設在自家屋頂及後院。

4. 風力不穩定：由於風能乃間歇性能源，因此風電無法依照需求而調度發電量，簡言之，不能夠隨開隨用。目前，風電主要是作為補充電力來增加供電可靠度，並無法像核能、燃煤發電廠來當成基載電力使用，也無法像燃氣電廠一樣具有尖載的調度電力功能。解決這個問題，第一利用智慧電網來強化電力調度能力，風力發電搭配機動性強的抽蓄水力與燃氣發電，以架構成為穩定的發電系統，第二則是發展儲能系統，例如，大規模風力發電可以搭配汲水發電，或是電解水製造氫氣加以儲存，中小規模的風力發電，則適合使用蓄電池。

要點百寶箱

1. 中大型風機發會發出龐大噪音，不適合都會區。
2. 風電無法作為基載電力使用。
3. 利用智慧電網來調度風電，架構穩定的發電系統。

風力發電的缺點

4-16 風車噪音有多大？

在許多種原動機之中，風力發電機是唯一將旋轉部分暴露在大氣中運轉的機械，完全無法隔音，因此運轉中風車的噪音問題一直困擾著附近居民。

那麼究竟這些風機有多吵呢？

風車的噪音源自於元件間的摩擦與風切葉片。依照國際電工委員會 IEC 所訂的標準，距離風車 200 公尺處，最大聲壓強度 (sound pressure intensity) 在 45 分貝 (dB(A)) 以下。45 分貝有多大呢？吸塵器大約在 80 分貝，窗型冷氣平均在 50 分貝，而冰箱壓縮機在大約 40 分貝。

就目前技術而言，離住家 300 公尺外的風機所量到的噪音可控制在 43 分貝，而 500 公尺以外，風機噪音已經降到 38 分貝而融入一般環境的背景噪音 (40 ～ 45 分貝) 中，即使背景噪音只有 30 分貝的寧靜鄉村地區，1,600 公尺外是聽不到風機的。

聽得到的噪音好處理，聽不到的低頻噪音 (low frequency noise) 才棘手。低頻音是指頻率為 1Hz ～ 80Hz 之間的聲音，其中包含 20Hz 以上的可聽見音與低於 20Hz 的不可聽見音，其中不可聽音頻率又被稱為次聲波。由於次聲波波長長，很容易繞過隔音牆，不易防堵。

雖然人類耳朵聽不到低於 20Hz 的次聲音，但每個人感受程度不一，所以相當複雜，例如有些人會因為風機的次聲音感到頭暈或無法入睡。美國國家耳聾與其他通訊障礙研究所 NIDCD 在聽力研究期刊 (Hearing Research) 的研究指出，在人類內耳中，外毛細胞會將聲音震動放大以確保低頻訊號能夠刺激內毛細胞，而內毛細胞則將此聲波轉成電波而送往大腦，因此即便大腦可能無法聽到聲音，外毛細胞對於低於 5Hz 的次聲音的反應有可能導致一些人不舒服的感覺。

目前並沒有任何標準可以規範風車的低頻噪音。

要點百寶箱

1. IEC 標準，距風車 200 公尺處需在 45 分貝以下。
2. 低頻音是指頻率為 1Hz ～ 80Hz 之間的聲音。
3. 人類耳朵聽不到低於 20Hz 的次聲音。
4. NIDCD：National Institute on Deafness and Other Communication Disorders(國家耳聾與其他通訊障礙研究所)

風車的噪音有多大？

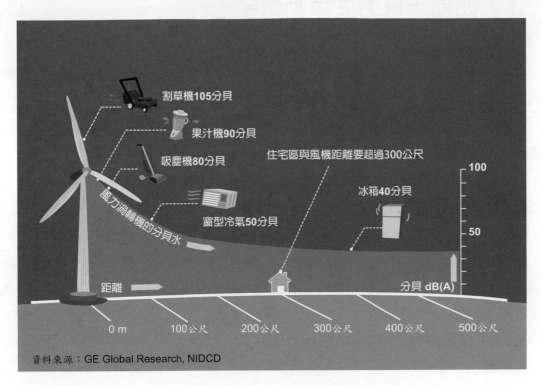

割草機105分貝
果汁機90分貝
吸塵機80分貝
住宅區與風機距離要超過300公尺
風力渦輪機的分貝水
窗型冷氣50分貝
冰箱40分貝
100
50
距離
分貝 dB(A)
0 m　　100公尺　　200公尺　　300公尺　　400公尺　　500公尺

資料來源：GE Global Research, NIDCD

猜猜！哪一個噪音大？

反對風機
鄰避症候群

如何用風力來驅動車子？

當你將車子開到加油站，說：「請加在 500 公升的風」！加油員一定臉上三條線！用風來帶動車子？咦！難道要在車頂裝上一架風車嗎？

這個想法很簡單，只要將風能轉化為電能，然後用電來電解水產生氫氣，就可以作為燃料電池車的燃料了。

一般將風力轉換為電力的理由，是因為可以用電纜線將能量傳送到任意地點，這也就是現在大型風力發電機盛行的理由。而且從能量儲存的觀點來看，中小規模的風力發電，則適合使用蓄電池儲電。大規模風力發電可以搭配電解水製氫氣加以儲存。

德國風力發電多數集中在北部，由於北部電力需求不大，因此，大都向工業集中的南部輸送電力，但高壓輸電設施鋪設十分緩慢。因此，德國積極推動利用北部剩餘風電製氫的計畫。例如，柏林以北 120 公里的勃蘭登堡州所推動的「普倫茨勞風力氫計畫」，平時將 6MW 風機產生的電力輸入電網，夜間電力過剩時，則進行電解水製氫，然後存儲到儲氫罐中。這些氫氣可供應給位於柏林市的燃料電池車的加氫站。

根據需要，風力發電所製造的氫氣也可與天然氣或生物氣混合，然後供應給熱電聯產系統生產電力供應給電網，並將餘熱銷售給地區供熱系統。在城市燃氣添加的氫氣的混合燃料稱作氫烷 (Hythane)，這種清潔燃料可以有效地削減硫氧化物 (SOX) 及氮氧化物 (NOX) 等有害物質的排放。由於可利用現有城市燃氣基礎設施，因此有助於加快氫能社會的實現。

 要點百寶箱

1. 風電電解水產生氫氣可作為燃料電池車的燃料。
2. 大規模風電可搭配電解水製氫氣加以儲存
3. 氫烷 (Hythane) 是在天然氣中添加氫氣的混合燃料。

用風能驅動的車子

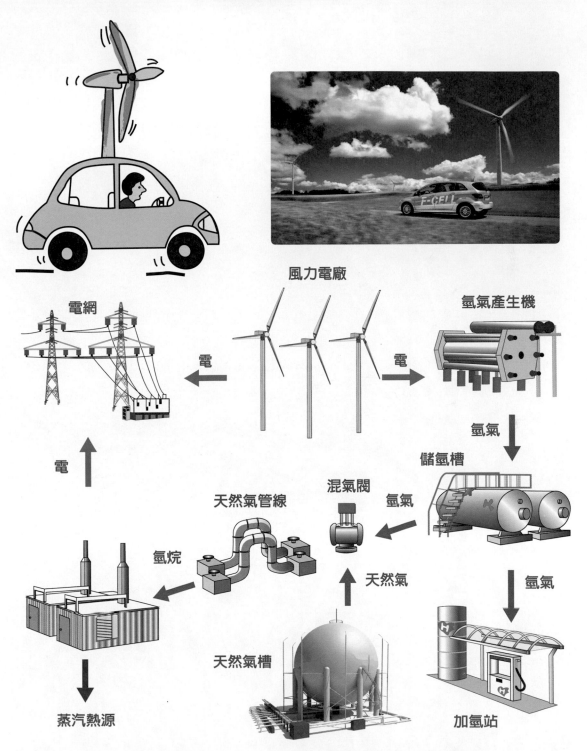

電網

風力電廠

氫氣產生機

電

電

電

氫氣

儲氫槽

天然氣管線

混氣閥

氫氣

氫烷

天然氣

氫氣

蒸汽熱源

天然氣槽

加氫站

生物質能源

　　生物質能源是以生物質為載體的一種能源，能量源自於太陽，因此也是廣義的太陽能。生物質能源是唯一的再生碳源，它的最大價值在於循環。利用植物光合作用將空氣中的二氧化碳固定下來，然後在生物燃料使用過程中又將二氧化碳釋放回空氣中，這樣的循環可避免釋放額外的二氧化碳，而達到碳中和目的。生物質能源僅次於煤炭、石油和天然氣，居於世界能源消費總量第四位，在整個能源系統中佔有重要地位。

5-1　什麼是生物質能源？

　　生物質 (biomass) 是指通過光合作用 (photosynthesis) 直接或間接而形成的各種有機體，包括所有的動植物和微生物。

　　生物質能源 (biomass energy) 也就是以生物質為載體的一種能源，也簡稱生質能。

　　由於生物質是直接或間接地來自於綠色植物的光合作用，因此，生物質能源的原始能量來自於太陽，所以也是廣義上的太陽能。

　　生物質能源是唯一的再生的碳源，其最大價值在於碳可循環。利用植物行光合作用將空氣中的二氧化碳固定下來後，透過各種方法轉化為生物質燃料，然後在燃料使用過程中又將二氧化碳釋放回空氣中；透過這樣的循環，能避免釋放額外的二氧化碳到空氣中，而達到「碳中和」(carbon neutrality) 目的。

　　生物質能源的範疇非常廣，包括：

1. 糖與澱粉作物：如甜菜、甘蔗、玉米等。
2. 油脂：油菜籽，向日葵、大豆、棕櫚樹、痲瘋樹製作的植物油等，也包含回收食用油、動物油脂等。
3. 木材：森林採伐之原木、樹樁。
4. 農林作殘餘物：如秸稈、稻殼、樹皮、枝椏、鋸末等。
5. 城市廢棄物：固態有機垃圾、污水等。
6. 藻類。

　　生物質能源一直是人類賴以生存的重要能源，它是僅次於煤炭、石油和天然氣而居於世界能源消費總量第四位的能源，在整個能源系統中佔有重要地位。在全球人口不斷增長、各項資源逐漸匱乏的情況下，循環經濟 (recycle economy) 越來越受到重視，這也是具有循環利用本質的生物質能源無法被其他再生能源取代的重要原因。

要點百寶箱

1. 生物質能源是廣義上的太陽能。
2. 生物質能源是唯一的再生碳源。
3. 循環利用是生物質能源的本質。

生物質能源的定義

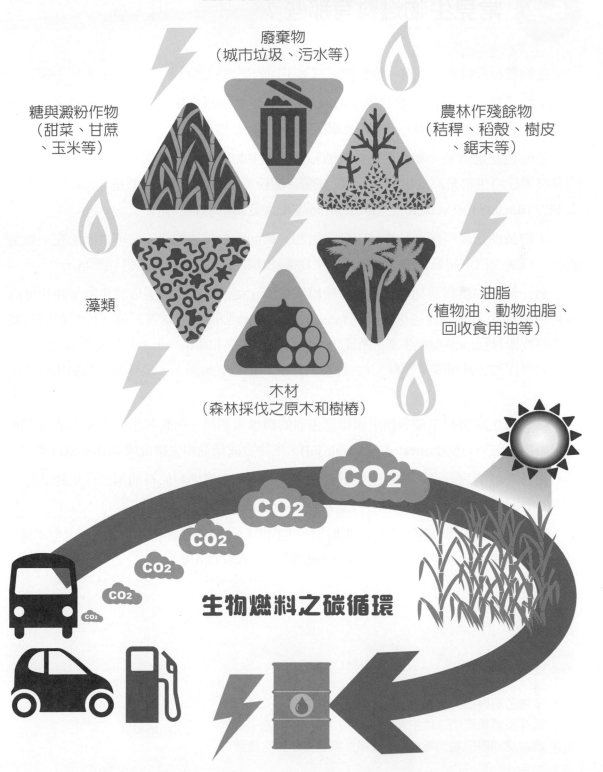

廢棄物
（城市垃圾、污水等）

糖與澱粉作物
（甜菜、甘蔗
、玉米等）

農林作殘餘物
（稭稈、稻殼、樹皮
、鋸末等）

藻類

油脂
（植物油、動物油脂、
回收食用油等）

木材
（森林採伐之原木和樹樁）

CO2
CO2
CO2
CO2
CO2
CO2

生物燃料之碳循環

5-2 常見生物燃料有那些？

生物質可以轉換成固態、液態或氣態等不同的型態的燃料。

生物乙醇 (bioethanol) 與生物柴油 (biodiesel) 是目前最常見的液態生物燃料，它可以取代汽、柴油，提供汽車、飛機和火車等運具使用。

乙醇也就是酒精，和我們喝的啤酒和葡萄酒中的主要成分一樣，它是藉由類似釀酒的發酵過程將生物量高的碳水化合物 (如糖、澱粉或纖維素) 代謝成酒精。目前彈性燃料車 FFV (flexible fuel vehicle) 已經可使用高達 85% 乙醇的酒精汽油。

生物柴油是用甲醇與植物油、動物脂肪、或回收食用油製成，它可以添加在一般柴油中，以減少汽車尾氣排放，或者以純生物柴油作為柴油引擎的再生替代燃料。

第一代生物燃料包括糖基乙醇和澱粉基乙醇、從油料作物中製取的生物柴油和可直接利用植物油、以及通過厭氧消化 (anaerobic digest) 製取的沼氣等。第一代生物燃料屬於成熟技術且已商業規模生產。所使用的原料包括甘蔗和甜菜、玉米和小麥等糧食作物，以及油料作物，如油菜 (蓖麻)、大豆和油棕櫚，在某些情況下，還有動物脂肪和廢食用油。

第二代生物燃料主要包括用纖維素生產的纖維素酒精、用動物脂肪和植物油煉製的氫化植物油 HVO (hydrotreated vegetable oil)，生物合成柴油和生物合成氣 (bio-SG) 等。

此外，目前有許多科學家開始研究使用藻類作為生物燃料原料的第三代生物燃料，應用的層面包括生物柴油、甲醇、乙醇、甲烷，甚至氫燃料。

隨著混合動力車及電池電動汽車增加，生物燃料的發展將會觸頂。當然，大型車輛、船舶及飛機等與汽車不同的領域也是生物燃料的一個潛力市場。

要點百寶箱

1. 生物乙醇與生物柴油用以取代汽油、柴油。
2. 纖維素酒精是第二代生物燃料。
3. 燃料電池車與電池電動汽車普及影響生物燃料的發展。

常見的生物燃料

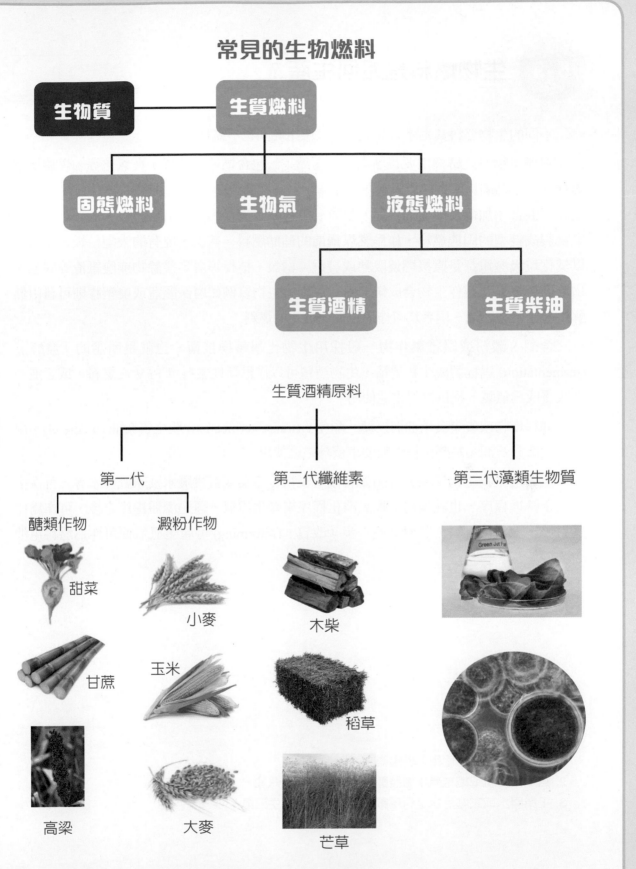

生物質 —— 生質燃料

固態燃料　　生物氣　　液態燃料

生質酒精　　生質柴油

生質酒精原料

第一代　　　第二代纖維素　　　第三代藻類生物質

醣類作物　　澱粉作物

甜菜

小麥

甘蔗

玉米

木柴

稻草

高粱

大麥

芒草

5-3 生物燃料是如何生產？

不同的生物燃料其生產方式不同，且應用範圍也不盡相同。

固態生物質之轉換主要以熱化學技術為主，包含燃燒、熱解、與氣化等。燃燒是把廢棄物直接燃燒以產生熱能與電力，而為了提高燃燒效率，可先固態生物質破碎、分選、乾燥、混合添加劑及成型等過程，製成易於運輸及儲存的固態衍生燃料，例如紙廠把廢棄物製成錠型的固態燃料，作為燃煤鍋爐的輔助燃料。其次，現有的大型垃圾焚化廠，以焚化垃圾發電都是直接燃燒取熱或發電。稻殼、桔桿等農業殘餘物或廢紙渣等固態生物質則可以氣化製作生物合成氣，而有些固態生物質例如廢保麗龍或廢塑膠則可藉由熱解生產生合成燃油，兩者均可作為鍋爐與發電的燃料。

含醣、澱粉或纖維素作物一般採用生物化學轉換技術，也就是所謂的「發酵」(fermentation) 過程製成生物酒精，生物酒精可以作為彈性燃料車 FFV 之燃料，或者進一步改質成為氫氣，提供燃料電池使用。

油料作物或廢棄食用油則經轉「酯化」(transesterification) 成生質柴油 (biodiesel)，用以取代部分石油、基柴油提供柴油車或熱電廠使用。

至於廢棄物生物質部分，例如有機廢棄物、工業或畜牧廢水及家庭污水等，可採生物化學轉換程序，也就是利用厭氧消化程序來產生沼氣，經過潔淨程序之後，可作為作為引擎、發電機燃料，若沼氣進一步「改質」(reforming) 可產生氫氣便可作為燃料電池的燃料。

 要點百寶箱

1. 固態生物燃料的使用以燃燒為主。
2. 含醣、澱粉或纖維素作物發酵成生物酒精取代汽油。
3. 工業廢水或家庭污水是利用厭氧消化程序來產生沼氣。

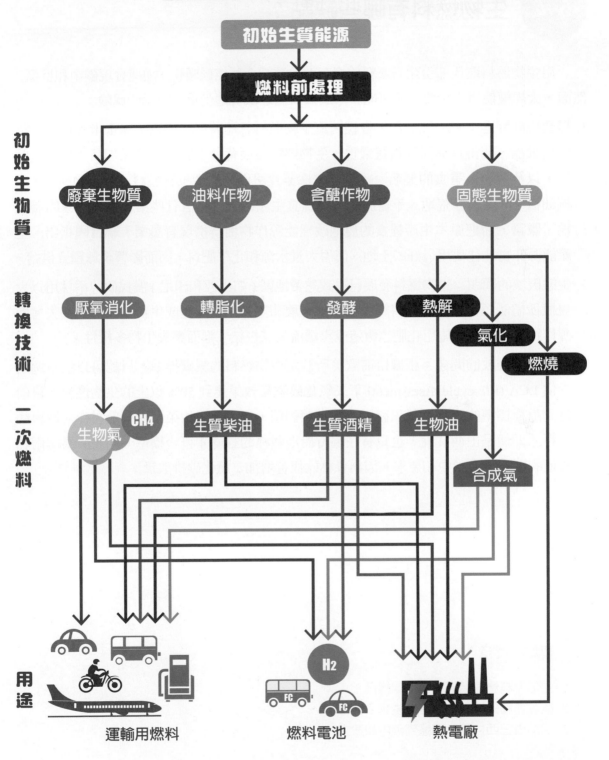

生物燃料的生產與使用路徑

初始生質能源

燃料前處理

初始生物質
　廢棄生物質　　油料作物　　含醣作物　　固態生物質

轉換技術
　厭氧消化　　轉脂化　　發酵　　熱解　　氣化　　燃燒

二次燃料
　生物氣　CH4　　生質柴油　　生質酒精　　生物油　　合成氣

用途
運輸用燃料　　燃料電池　H2　　熱電廠

5-4 生物燃料有哪些缺點？

　　用生物燃料取代部份化石燃料確實有助於減緩全球氣候暖化，加速實現碳中和目標。然而，大規模使用生物燃料有可能帶來農業及生態環境遭受重大衝擊的風險：

1. 糧食短缺問題：過去幾十年，曾經因為生物燃料急速發展，導致全球玉米等糧食作物價格飛漲，使得貧窮國家糧慌嚴重，生物燃料因而背負了將富人環保加諸在窮人饑餓上，以及與窮人爭食的惡名。雖然可改採非食用作物生產生物燃料，如痲瘋樹（又名桐油樹）可生長於荒地、不需施肥，對糧食生產影響小，但有些第三世界國家的農民為了賺錢，而把原本生產糧食的農地改種能源作物而排擠現有農業。聯合國指出，生產能源作物往往佔用最好的土地、使用大量水源和化學肥料，因而影響全球糧食供給。

2. 生態破壞的問題：生物燃料發展已導致熱帶地區（如巴西和印尼）農民砍掉雨林用以大規模種植能源作物，如此將導致棲息地破壞和割裂，從而造成生物多樣性的喪失。能源作物的種植過度施用化肥也會造成土壤流失或板結，進而喪失生物多樣性。

3. 溫室氣體排放的問題：根據目前歐美所制定生物燃料的減碳標準，只認可以生命週期評估 LCA (life-cycle assessment) 下二氧化碳減量效果達到 50% 以上的生物燃料。目前達到這種標準的生物燃料只有巴西的甘蔗酒精，以及使用甜菜和建築廢材作為原料的燃料。即便是巴西甘蔗，也只有在現有農地栽種的甘蔗才符合標準，開墾亞馬遜雨林種植的則不符合碳中和要求。因為森林砍伐會增加二氧化碳排放量。

 要點百寶箱

1. 生物燃料急速發展導致全球糧慌。
2. 能源作物的過度種植影響生物多樣性。
3. 目前僅巴西甘蔗酒精達到碳中和要求。

生物燃料的缺點

生態環境問題

與民爭食問題

二氧化碳排放問題　　　　gCO2/MJ

巴西甘蔗　18
英國甜菜　50
美國玉米　103
天然氣　62
柴油　86
汽油　85
煤　112

5-5 生產酒精要消耗多少能量？

生產酒精所需的能量比從酒精獲得的能量更多？

這個問題一直在存在於各種能源轉換技術中，也不斷地被拿出來討論。

過去沒有人真正關心淨能量，因為有大量便宜石油，就有點像我們在電影院吃爆米花一樣，誰會關心有多少能量花在「爆」玉米花。如今，石油快用光我們不得不擔心到底需要花多少化石燃料來生產生物燃料？

美國是全球最大的玉米生產國，酒精原料主要來自玉米。在生產過程中需要消耗能源，包括澆水、施肥、收割、脫水、發酵、蒸餾、運輸等程序，而這些程序到底需要消耗多少的化石能源呢？

生產出每 Btu(英熱單位) 的玉米酒精，約耗 0.74Btu 化石燃料，而每 Btu 汽油則需消耗 1.23Btu 的化石燃料。光光這個數據似乎不怎麼吸引人，由於酒精主要是取代石油而非煤或天然氣，因此有必要單獨就石油的消耗率來比較。美國能源部研究結果顯示，生產 10Btu 玉米酒精約消耗約 1Btu 的石油，纖維素酒精與玉米酒精一樣，酒精生產量 (能量) 與石油消耗量 (能量) 之比都等於十，而汽油的這個比值只有 0.9，這意味著，擴大乙醇的使用將可顯著地降低石油資源消耗。

至於能源效率方面，玉米酒精與纖維素酒精的能源效率均遠低於汽油，生產汽油的能源效率可高達 80%，而纖維素酒精的能源效率只有 40 ～ 50%。纖維素酒精生產雖然最為耗能，所幸酒糟等殘留物可用來產熱和發電以提供製程所需，基本上，纖維素本身可提供 95% 的製程能量所需，其餘 5% 能量才是來自石油，因此，在使用較少的化石燃料的情況下，可以減少的溫室氣體排放。在經濟規模生產下，預期纖維素乙醇可提高效率並可加速取代石油。

 要點百寶箱

1. 生產 10Btu 的玉米 (或纖維素) 酒精約消耗約 1Btu 的石油
2. 玉米酒精與纖維素酒精的能源效率均遠低於汽油。
3. 使用纖維素酒精可以減少溫室氣體排放。

酒精與汽油的能耗比較

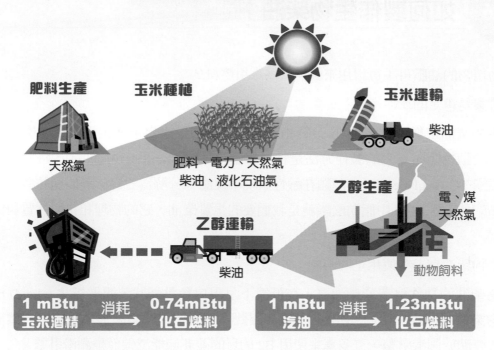

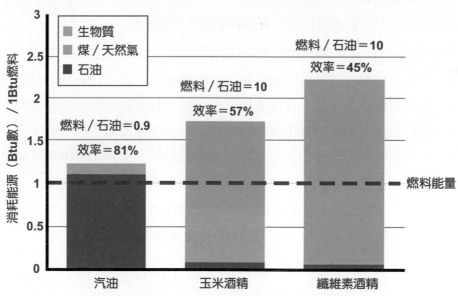

5-6　如何製作生物柴油？

動植物的油脂可不可以用來製作成為車用燃料？

答案是肯定的。

生物柴油或稱生質柴油 (biodiesel)，它的原料主要來自未加工過的或者使用過的植物油以及動物脂肪，它的製作方法是利用轉脂化反應 (transesterification)，將油脂中的三酸甘油酯 TG (triglyceride) 與醇類在鹼性環境中反應，分解為三條碳鏈的脂肪酸酯與甘油 glycerin(丙三醇)，其中脂肪酸酯就是我們要的生質柴油，它的物理和化學性質與柴油非常相近。

生物柴油有一些使用上的限制：

1. 生物柴油的黏性比普通柴油高，在低溫下呈現白色黏稠狀，叫做雲化 (cloud)，100% 生物柴油 B100 在 0°C 時便開始雲化，因此，冬天使用時必須加入抗凍劑。然而，黏性大有助於潤滑引擎，許多車主使用 B2 的目的並非節能減碳而是潤滑引擎。

2. 在濕熱環境下，生物柴油儲存需要考慮抑制微生物和細菌的滋生。

3. B100 的能量密度比石油基柴油低 11%，最大輸出馬力因而減少 5 ～ 7%。

來自玉米、大豆等食用性作物稱為第一代生物柴油，除了有與民爭糧之疑慮外，實際產油量也難具有競爭力；第二代則來自於痲瘋樹、棕櫚樹等非食用性作物，是目前生物柴油主要原料；為了與一般陸生植物做區隔，將海藻歸類第三代質柴油。生物柴油的原料來源因地制宜，美國常使用大豆、玉米或動物脂肪，歐洲國家則使用油菜籽或動物脂肪，馬來西亞則使用棕櫚油，印度則使用桐油樹。圖中美國小學生乘坐的巴士就是使用 B5 ～ B30 的大豆動力車。歐洲柴油車所佔比例較高，或許會成為生物柴油的一個大市場，但伴隨著電動車逐漸普及，生物柴油的發展可能逐漸減緩。

 要點百寶箱

1. 動植物油經脂轉脂化反應後成為生質柴油。
2. B100 的能量密度比石油基柴油低 11%。
3. 第二代生物柴油源自於痲瘋樹、棕櫚樹等非食用性作物。

生物柴油的生產流程

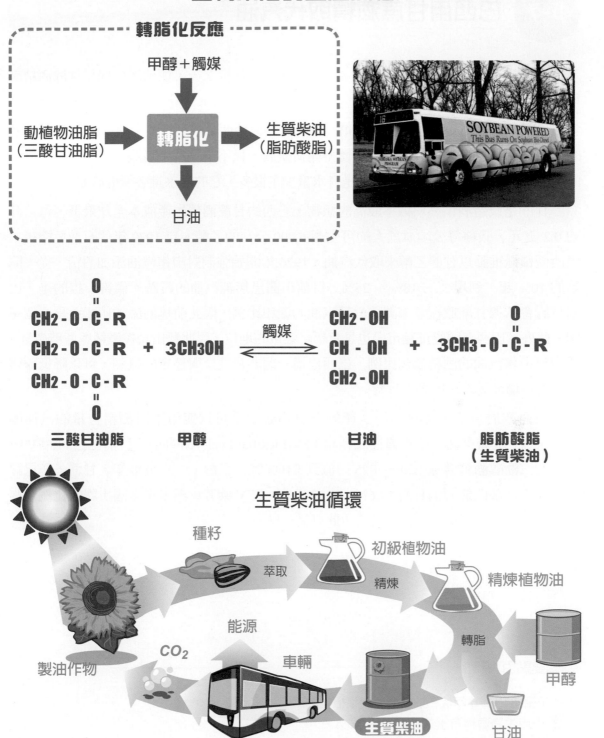

轉脂化反應

甲醇＋觸媒

動植物油脂
（三酸甘油脂） → 轉脂化 → 生質柴油
（脂肪酸脂）

甘油

$$CH_2-O-\overset{\overset{O}{\|}}{C}-R$$
$$CH_2-O-C-R \quad + \quad 3CH_3OH \quad \overset{觸媒}{\rightleftharpoons} \quad \begin{matrix} CH_2-OH \\ CH-OH \\ CH_2-OH \end{matrix} \quad + \quad 3CH_3-O-\overset{\overset{O}{\|}}{C}-R$$
$$CH_2-O-\underset{\underset{O}{\|}}{C}-R$$

三酸甘油脂　　　甲醇　　　　　　甘油　　　　　脂肪酸脂
（生質柴油）

生質柴油循環

種籽
萃取
初級植物油
精煉
精煉植物油
轉脂
甲醇
甘油
生質柴油
車輛
能源
CO_2
製油作物

5-7 巴西用甘蔗酒精取代汽油

　　巴西是全球最大的蔗糖生產國，在第一次石油危機之後，便積極佈局以甘蔗酒精來取代汽油作為汽車燃料。

　　乙醇 (ethanol) 俗稱酒精 (alcohol)，是一種無色透明且具有特殊芳香味及強烈刺激性的液體。早在九千年前中國就已經懂得如何釀酒，只不過是拿來喝罷了；作為汽車燃料的生物酒精和一般酒精不同之處就是含水量少了很多，它的含水量必須低於 0.5%。

　　甘蔗是製造酒精燃料效率最高的植物，巴西的甘蔗酒精生產成本全球最低，每公升約 0.2 美元，栽種每公頃甘蔗大約可生產 6,000 公升的乙醇。自 1970 年代石油危機後，巴西便積極推動以甘蔗乙醇來取代汽油，1976 年開始強制對市售汽油添加酒精，從一開始的 10% 起，到現在的 18% ～ 25%，目前市面已無純汽油的蹤跡。值得一提的是，巴西政府會依據甘蔗收穫量來調整酒精汽油的混和比例，因此前述的添加值才會是一個範圍。此外，巴西在國際蔗糖市場也具有舉足輕重的地位，因此藉由調控酒精與蔗糖產量，並調整市售汽油的酒精添加比例，巴西建構一個非常健全與穩定的機制，可以降低國際油價與糖價波動帶來的負面影響。

　　巴西政府規定，2008 年後生產的汽車都必須是可以使用不同酒精含量的汽油醇 (gasohol)，這種車輛又叫作彈性燃料車 FFV(Flexible Fuel Vehicles)，目前巴西的 FFV 所使用的汽油醇酒精含量 E20 ～ E25 一直到 E100(無水乙醇)，在 2008 年，甘蔗乙醇已經佔全國交通部門能源消耗的 17.6%。2012 年底，FFV 乘客車與卡車全國掛牌的比例已經高達 87%，巴西酒精汽油推廣成功由此可見一斑。

要點百寶箱

1. 巴西自 1970 年代石油危機後便積極推動車用甘蔗酒精。
2. 車用生物酒精含水量必須低於 0.5%。
3. 彈性燃料車可使用不同酒精含量的汽油醇。

巴西甘蔗酒精的生產流程

巴西的甘蔗工業

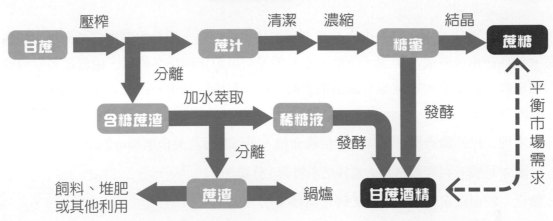

甘蔗 —壓榨→ 蔗汁 —清潔→ —濃縮→ 糖蜜 —結晶→ 蔗糖

甘蔗 —分離→ 含糖蔗渣

含糖蔗渣 —加水萃取→ 稀糖液

含糖蔗渣 —分離→ 蔗渣

蔗渣 → 飼料、堆肥或其他利用

蔗渣 → 鍋爐

稀糖液 —發酵→ 甘蔗酒精

糖蜜 —發酵→ 甘蔗酒精

蔗糖 ⇠平衡市場需求⇢ 甘蔗酒精

各式各樣的彈性燃料車FFV

正值採收的巴西甘蔗田

C. A. City Pinheiro

G Comum 2,899 —— 普通汽油售價

E Etanol 1999 —— 乙醇售價

G Supra Aditivada 2,999

5-8 如何將纖維素製作成酒精？

纖維素酒精 (cellulosic ethanol) 屬於第二代生物燃料，原料主要來自於植物中的纖維素，包括芒草、蔗渣、稻殼、稻草、玉米梗等均可製作纖維素酒精，由於這些原料並非人類或動物的主食，因此沒有排擠糧食的問題，對農地利用的影響也較小。纖維素生產乙醇的方法如下：

1. 預處理：粉碎纖維素，增加酵素接觸面積，同時進行蒸煮破壞纖維組織。

2. 分離：將糖液與殘留材料 (尤其是木質素) 分離。

3. 糖化：將纖維素聚醣分子打破轉化為糖。

4. 發酵：糖液的微生物發酵，也就是酵母吃掉糖進行代謝而生成酒精。

5. 蒸餾：用以產生濃度大約 95% 的酒精。

6. 脫水：用分子篩去除水份，以得到純度超過 99.5% 的無水酒精。

纖維素酒精製程之關鍵技術在於發酵。纖維素糖化生成的糖除了六碳糖的葡萄糖之外，還有木糖 (xylose)、阿拉伯糖 (arabinose) 等五碳糖 (pentose)，而目前工業上主要用來發酵生產酒精的啤酒酵母 (beer yeast) 和革蘭式陰性菌 (Gram-negative) 只能代謝葡萄糖 (glucose)、果糖 (fructose) 和蔗糖等六碳糖 (hexose)，並無法分解五碳糖。近年來，拜基因科技之賜，這項障礙終於有所突破。普渡大學利用基因重組技術把能代謝木糖的基因轉殖到酵母中，使其能同時代謝五碳糖和六碳糖；佛羅里達大學則是把革蘭式陰性菌代謝得到酒精的兩個基因選殖到大腸桿菌，所構築的菌株 (E. coli KO11) 可發酵五碳與六碳糖混合液為酒精；另外，NREL 也開發出能同時代謝阿拉伯糖和葡萄糖的酵母；杜邦公司對運動發酵單孢菌 (Zymomonas mobilis) 進行了基因重組，開發出可同時將葡萄糖和木糖轉換為乙醇的技術。

時至今日，纖維素酒精生產成本高昂，短期仍難與石化燃料競爭。

 要點百寶箱

1. 纖維素酒精屬於第二代生物酒精。
2. 纖維素酒精沒有排擠糧食的問題，且對農地利用影響較小。
3. 纖維素酒精之關鍵技術在於五碳糖之發酵。

纖維素酒精的生產流程

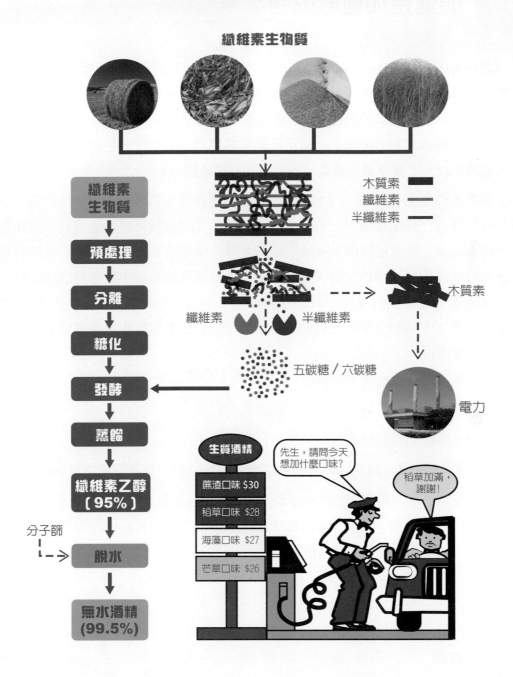

纖維素生物質

纖維素
生物質

預處理

分離

糖化

發酵

蒸餾

纖維素乙醇
（95%）

分子篩

脫水

無水酒精
(99.5%)

木質素
纖維素
半纖維素

纖維素　　　半纖維素

五碳糖 / 六碳糖

木質素

電力

生質酒精

蔗渣口味 $30
稻草口味 $28
海藻口味 $27
芒草口味 $26

先生，請問今天
想加什麼口味?

稻草加滿，
謝謝!

5-9 沼氣是如何形成的？

　　沼氣(marsh gas、swamp gas 或 bog gas)，顧名思義就是沼澤裡的氣體。人們經常看到，在沼澤地、污水溝或糞池裡，有氣泡冒出來，將其點火便可燃燒，這就是自然界天然發生的沼氣。沼氣是多種氣體混合物，其中主要成分是甲烷，約佔 50% ～ 75%，在常溫下無色、無味、無毒，難溶於水，是非常好的氣態燃料，其它成分包含硫化氫、一氧化碳等可燃氣體，以及二氧化碳、氮氣、氨氣等不可燃氣體。。

　　事實上，許多動物糞肥、污水、都市固體廢棄物等生物有機質，都是沼氣的原料，這些有機生物質在缺氧環境下，經發酵或者無氧消化過程就可以產生沼氣，因此也稱作生物氣體 biogas。最常見的例子就是垃圾掩埋場。早期沼氣利用技術還不成熟的年代，為了避免垃圾掩埋場自燃的危險，通常建造許多通氣孔將沼氣由深處排放到大氣中，然而，甲烷造成全球溫室效應能力 GWP (global warming potential) 高達二氧化碳的二十三倍，此舉將增加全球暖化風險。目前，將沼氣作為再生能源收集後發電或產熱，可謂節能減碳、一舉兩得。

　　作為沼氣的主要有機質來源包括：

1. 有機物質，如食品加工廢物、污水、脂肪。
2. 動物糞便、液體肥料和垃圾。
3. 可再生資源，如玉米、甜菜、草或用作食物的動物，如牛、豬及用於在沼氣植物微生物。

　　厭氧消化槽底層有機質在 38 ～ 40°C 下，經由甲烷菌厭氧發酵，最終產物是生物氣，其中的主要成分是甲烷。沼氣被從槽的上部引出導入，其後可直接燃燒產生熱能，也可以發電使用，而發酵底物則可作為優質肥料。

🏠 要點百寶箱

1. 沼氣主要成分是甲烷，約佔 50% ～ 75%。
2. 甲烷的 GWP 是二氧化碳的二十三倍。
3. 沼氣可直接燃燒產生熱能，也可用於發電。

沼氣形成的原理

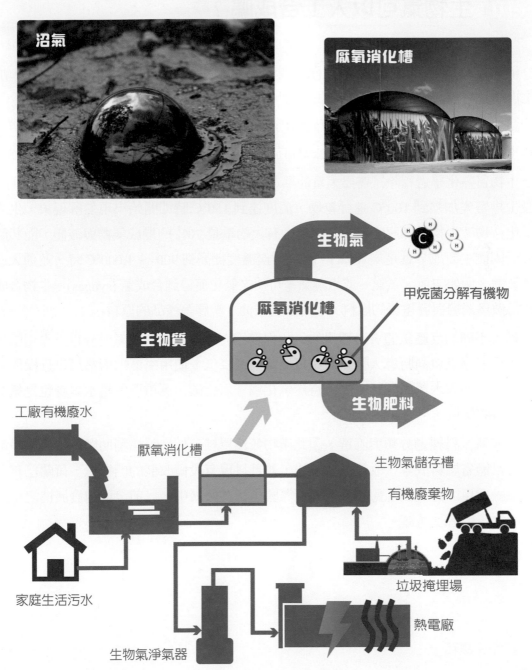

沼氣

厭氧消化槽

生物氣

甲烷菌分解有機物

厭氧消化槽

生物質

生物肥料

工廠有機廢水

厭氧消化槽

生物氣儲存槽

有機廢棄物

家庭生活污水

垃圾掩埋場

熱電廠

生物氣淨氣器

5-10 生物氣可以人工合成嗎？

沼氣是天然形成的生物氣體，而一些固態生物燃料，例如林業或農業廢棄物，加以氣化後而也可以製得生物氣，叫做生物合成氣 bio-SG(bio-syngas)。

氣化 (gasification) 是一種熱化學轉化技術。先將生物質乾燥，然後再藉由熱解、氣化將生物質轉變成合成氣，這種方法源自於早期用木材製作合成氣或合成汽油的技術。

生物質熱化學過程除了需要大量的熱之外，也必須控制反應氣體的比例與接觸時間。一般生物質先加熱到 100°C 進行乾燥，溫度達到 150°C 時即開始出現熱解現象，生成低分子化合物。生物質熱解完成後，產物中有大約重量 70% 的變成氣體與液體，而其餘的 30% 的固體主要成分就是炭 (char)。將固態炭溫度提高到 900 ～ 1,000°C 時，並通入適當反應氣體，例如空氣、氧氣、或水蒸氣，可使之氣化而得到合成氣 (syngas)。生物合成氣不但可做為鍋爐與發電機的燃料，也可作為柴油、塑膠等產品的原料。

通入不同的反應氣體會影響炭的氧化程度，而所得到的合成氣成分也不盡相同，以空氣作為反應氣會同時導入氮氣而使可燃氣濃度降低，使用氧氣則價格昂貴且操作過程相對危險，通入水蒸氣的話，不僅將炭氧化為一氧化碳，更重要的是水本身也是氫源，可以還原成氫氣。

合成氣原料經過分類與篩選，因此產物較為單純，作為鍋爐輔助燃料的混燒發電系統，可以節省燃料成本、改善廢氣排放，並且以現有設備改裝的門檻低，荷蘭已有多座燃煤電廠採用，而美國、德國、奧地利等國也正在發展中，目前全球的發展情況正由示範階段往商轉階段邁進。

要點百寶箱

1. 固態生物燃料氣化後而可製得生物合成氣 bio-SG。
2. 生物合成氣是優良的鍋爐與發電機的燃料。
3. 生物合成氣可作為柴油、塑膠等產品的原料。

人工合成的生物氣

 生物質　纖維素、半纖維素、木質素

↓

 乾燥　蒸發生物質內水分
120-150 ℃

乾燥質　$C_6H_7O_4$

↓

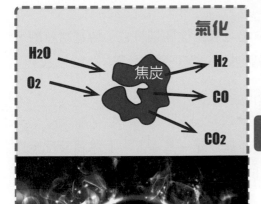

熱解　主產物(**30%**)：焦炭
500-600 ℃　副產物(**70%**)：CH_4、H_2、CO、CO_2、焦油...

焦炭

↓

氣化
900-1100 ℃

$$C + CO_2 \longrightarrow 2CO$$
$$C + H_2O \longrightarrow CO + H_2$$
$$CO + H_2O \longrightarrow CO_2 + H_2$$

合成氣　$CO + H_2 + CH_4 + CO_2 + ...$

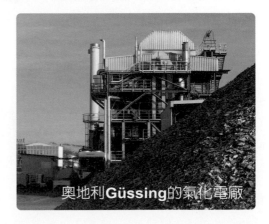

奧地利Güssing的氣化電廠

5-11 綠藻可以製造氫氣？

電可以用來電解水製氫，光也可以用來「光解水」(photo-hydrolysis) 製氫。

一般綠色植物行光合作用時會產生氧氣，而綠藻 (green algae) 在厭氧條件下光合作用卻可以產生氫氣，稱之為生物氫氣 bio-hydrogen，這就是光解水製氫。

綠藻光解水製氫是以太陽能為能源，以水為原料，通過光合作用及其特有的氫酶 (hydrogenase)，將水分解為氫氣和氧氣，製氫過程不產生二氧化碳。

綠藻具有兩個獨立而協調的光系統 PS I (photosystem I) 與 PS II (photosystem II)，第二光系統 PS II 接收太陽光後將水分解成質子 (H^+) 和氧氣 (O_2)，並釋放出電子 (e^-)，電子先在 PS II 內利用太陽光提升位能後，在類囊體膜內循著電子傳遞鏈傳遞到第一光系統 PS I，在 PS I 內再藉由太陽光將電子作第二次激發，激發後的電子經過鐵氧化還原蛋白 Fd 後，有兩條途徑選擇，第一條是走暗紅色箭頭的固碳路徑，第二條則是粉紅色箭頭的產氫路徑。

第一條路徑是一般綠色植物光合作用的反應。第二條路徑則是將電子傳遞給氫酶，然後在氫酶催化作用下與質子反應成氫氣而釋出藻體外，這就是生物氫氣：

$$2H^+ + 2Fd^- \xrightarrow{\text{hydrogenase}} H_2 + Fd$$

一般綠色植物並沒有氫酶，因此無法進行光合產氫反應。基本上，上述固碳反應以及產氫反應都是綠藻的維生機制，兩者都需要消耗電子，因此兩條路徑彼此相互競爭。其中，光解水的反應式為可以寫成：

$$12H_2O \xrightarrow{\text{light energy}} 24H^+ + 24e^- + 6O_2$$

$$24H^+ + 24e^- \xrightarrow{\text{hydrogenase}} +12H_2$$

而總反應就是綠藻利用太陽光將水分解成氫氣與氧氣。

 要點百寶箱

1. 綠藻在有氧條件下進行光合作用，而在厭氧條件下進行光解水產氫反應。
2. 綠藻光解水製氫是以太陽能為能源，以水為原料。
3. 氫酶是綠藻產氫的關鍵因素。

綠藻光解水製氫的原理

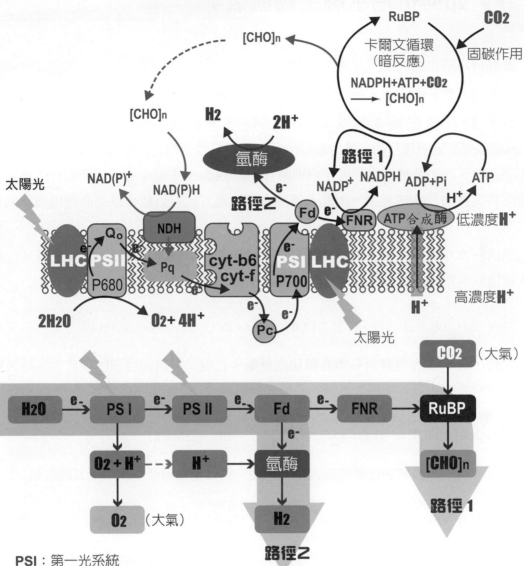

PSI：第一光系統
PSII：第二光系統
LHC（**light harvesting cluster**）：光捕捉複合物；
Fd：鐵氧化還原蛋白；
FNR：**NADP+**氧化還原酶；
Pc（**plastocyanin**）：質體藍素；
Pq（**plastoquinones**）：質體醌；
NDH（**NADH dehydrogenase**）：**NADH**脫氫酶；
NADPH（**nicotinamide-adenine dinucleotide phosphate**）：
烟酰胺腺嘌呤二核苷酸磷酸；
Cyt：色素細胞

5-12 如何化污水爲生物氫氣？

發酵可以將生活污水轉化爲氫氣。

下水道或食品廠的污水可以利用發酵產生生物氫氣。

將有機質轉化爲生物氫氣包含了暗發酵 (dark fermentation) 和光發酵 (light fermentation) 產氫兩種技術，其中暗發酵是利用厭氧微生物將有機質分解成氫氣以及有機酸等副產物，而光發酵則是利用光合細菌 (photosynthetic bacteria) 在光照條件下進行固氮反應而將有機酸代謝成氫氣，因此，兩種發酵產氫方式可以結合以提高有機廢物的資源化效率。

生活污水中含有大量有機質，當這些有機質都分解爲葡萄糖時，厭氧菌可進行暗發酵代謝這些單糖而產氫，當乙酸爲終產物時

$$C_6H_{12}O_6 + 2H_2O \rightarrow 2CH_3COOH + 4H_2 + 2CO_2 \qquad \Delta G = -206 \text{ kJ}$$

此時，可利用光發酵將有機酸轉化爲氫氣。也就是利用光合細菌吸收太陽能來提供代謝乙酸所需的能量，並釋放氫氣。乙酸光發酵後

$$2CH_3COOH + 4H_2O \rightarrow 8H_2 + 4CO_2 \qquad \Delta G = 209.2 \text{ kJ}$$

因此，利用暗發酵與光發酵混合系統可使一莫耳葡萄糖產生十二莫耳的氫氣

$$C_6H_{12}O_6 + 6H_2O \rightarrow 12H_2 + 6CO_2 \qquad \Delta G = 3.2 \text{ kJ}$$

光發酵與光解水一樣都是生物產氫技術，而且均以太陽光爲能源，不同之處是光發酵的光合細菌以有機質爲供氫體，而綠藻光解水則是以水爲供氫體。無論是光合細菌的光發酵或是厭氧細菌的暗發酵產氫反應，都是生物體排除過剩電子的一種有益行爲。

要點百寶箱

1. 生物製氫技術分為暗發酵和光發酵兩種。
2. 綠藻光解水製氫是以太陽能爲能源，以水爲原料。
3. 光合細菌光發酵以有機質爲供氫體，綠藻光解水以水爲供氫體。

混合型生物製氫系統

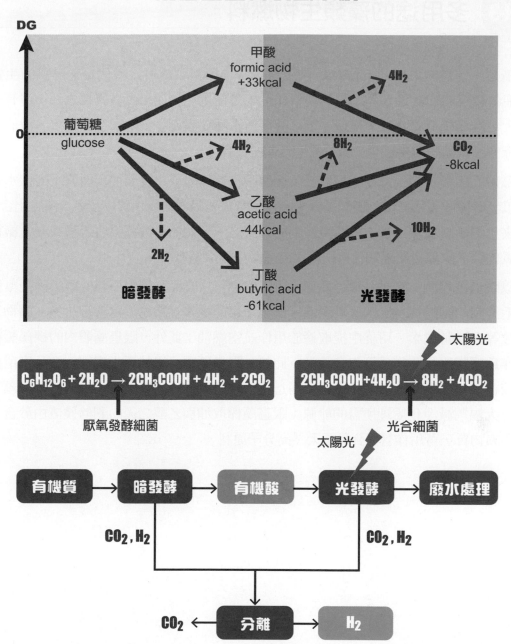

$$C_6H_{12}O_6 + 2H_2O \rightarrow 2CH_3COOH + 4H_2 + 2CO_2$$

厭氧發酵細菌

$$2CH_3COOH + 4H_2O \rightarrow 8H_2 + 4CO_2$$

太陽光

光合細菌

太陽光

有機質 → 暗發酵 → 有機酸 → 光發酵 → 廢水處理

CO_2, H_2　　　　　　　　　CO_2, H_2

$CO_2 \leftarrow$ 分離 $\rightarrow H_2$

5-13 多用途的藻類生物燃料

　　藻類生質燃料 (algal biofuel) 是以藻 (algae) 作原料製成可以替代石化燃料的生質燃料。與傳統燃料和其他類型的生物燃料比較，藻類是生物能源優異原料之外，還有許多優點，包括可降低廢水好氧處理需求、降低污水處理設施之土地與空間需求、淨能量增益、降低厭氧固體廢料數量、減少溫室氣體排放等。

　　藻類的脂類及油性部份在提取後，經轉脂化程序變成生質柴油，而餘下的碳水化合物可以發酵製成生物乙醇。因微藻行光合作用時需要吸收二氧化碳以及氮、磷等化合物，近年來也開始將藻類培養視爲環境控制的方式之一，例如以微藻吸收工廠或發電廠排放的二氧化碳，微藻養殖池取代傳統廢水處理廠中的除氮步驟。

　　以眼蟲藻爲例，它是一種微藻類，可用作燃料、食品及塑膠原料。眼蟲藻既具備利用鞭毛游動的動物性特點，又具備進行光合作用的植物性特點，富含維生素、礦物質及氨基酸等多種營養素。可從中提取適於用作航空燃油；此外，眼蟲藻體內的裸藻澱粉成分可作爲塑膠原料，作爲石化替代品；此外，眼蟲藻還可用於污水處理，食品廠所排放的廢液在淨化處理時需要大量電力，而這些富含營養成分的廢液可用於培養眼蟲藻，如此將可大幅削減淨化處理所需的能源；眼蟲藻榨取油與乙醇之後的剩餘殘渣由於含有蛋白質和礦物質，可用作營養食品及天然高分子原料。

要點百寶箱

1. 藻類油脂經轉脂化成生質柴油，而餘下的碳水化合物可發酵成生物酒精。
2. 眼蟲藻是一種微藻，可用作燃料、食品及塑膠原料。
3. 眼蟲藻可用於處理污水。

藻類生物質的用途

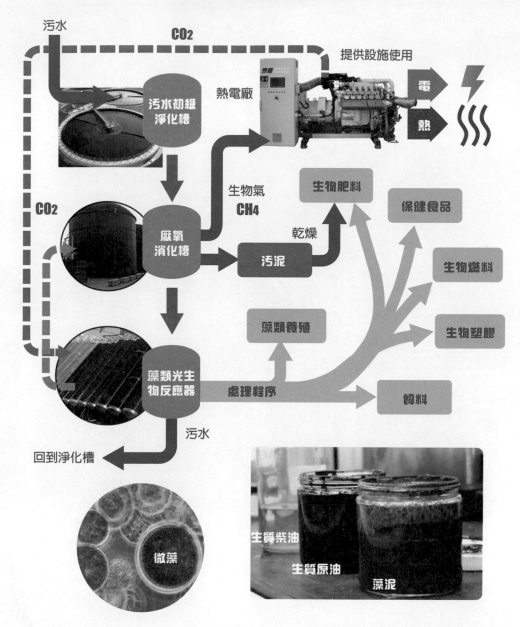

污水

CO2

提供設施使用

污水初級淨化槽

熱電廠

電

熱

CO2

厭氧消化槽

生物氣 CH4

生物肥料

保健食品

乾燥

污泥

生物燃料

生物塑膠

藻類養殖

藻類光生物反應器

處理程序

飼料

污水

回到淨化槽

微藻

生質柴油

生質原油

藻泥

綠色發電機

　　葛羅夫爵士於 1839 年發明燃料電池，然而，這項發明後的一百多年間，並沒有得到太大的迴響，只不過是一篇躺在圖書館的論文而已。1960 年代，美蘇太空競賽掀起燃料電池的第一波熱潮。那為何到了近幾年，燃料電池才開始商業化發展？在這幾十年間到底發生了哪些事？讓本章慢慢告訴你。

6-1 神奇綠色發電機的誕生

　　由於名稱上冠有電池的關係，大多數人會把燃料電池和電池聯想在一起，既然如此，談起燃料電池的起源前我們就先從電池的起源談起吧！

　　電池發明的歷史可以追溯到耶穌誕生的年代。

　　在現在伊朗首都巴格達東方發掘出土的遺物中，發現兩千年前用鐵與銅當作電極的電池，也稱作巴格達電池，這是人類最早的電池。之後，電池的歷史空白一段很長的時間。1791 年，義大利人發現人體是可以導電的，當腳部接觸各種鐵器或銅器而通電時，可以看到足部的肌肉會產生微微抽動，此電流學的發現被稱為近代電池的由來。1800 年，義大利人沃爾特發現將銅與亞鉛浸泡在硫酸溶液中可以產生電力，由此正式開啟了電池發展，也帶動後來的商機。

　　說到燃料電池的起源，那就要歸功於英國人葛羅夫 (William R. Grove)。葛羅夫原本是一名專利法的執業律師，1839 年，他發明圖中被稱為氣體電池的裝置，在燒杯左邊的試管中注入氧氣，而燒杯右邊的試管中則注入氫氣，各自浸泡在稀硫酸電解質中，玻璃試管中央的灰色棒子是兼具電極與觸媒功能的鉑箔，它可以使化學反應在常態下變得容易進行。這個裝置中氫氣與氧氣反應產生水，同時也可以得到電力，氣體電池因而得名。由於一開始產生的電力較小，共計使用 26 組氣體電池。經過重新改良後，如圖所示，只需 4 組氣體電池即可將裝置上面的水電解出氫氣與氧氣，當時的操作電壓大約是 1.7V。

　　葛羅夫發明的氣體電池就是現在的燃料電池之起源！

 要點百寶箱

1. 巴格達電池是目前所發現人類最早的電池。
2. 英國人威廉 · 葛羅夫在西元 1839 年發明燃料電池。
3. 燃料電池的前身是氣體電池。

燃料電池的起源

最早的電池：巴格達電池（兩千年前）

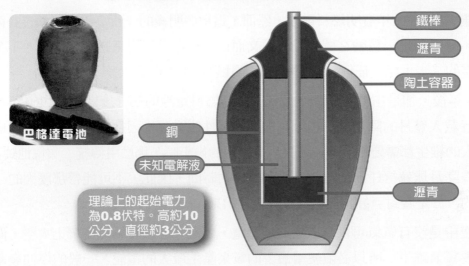

巴格達電池

- 鐵棒
- 瀝青
- 陶土容器
- 銅
- 未知電解液
- 瀝青

理論上的起始電力為0.8伏特。高約10公分，直徑約3公分

最早的燃料電池：葛羅夫氣體電池（1839年）

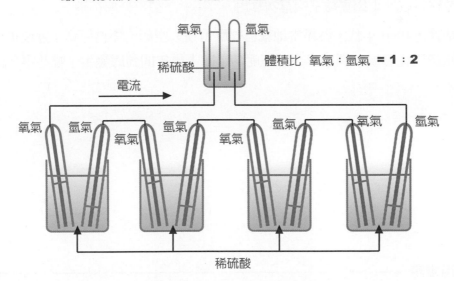

氧氣　氫氣

稀硫酸

體積比　氧氣：氫氣 ＝ 1：2

電流

氧氣　氫氣　　氧氣　　氧氣　　氫氣　　氧氣　　氫氣

稀硫酸

6-2 沉寂百年兩度崛起

葛羅夫於 1839 年發明燃料電池,然而,這項發明後的一百多年間,並沒有得到態大的迴響,只不過是一篇躺在圖書館的論文而已,畢竟當時對電感興趣的人並不多,而且在使用電的二十世紀,任何一種發電方式都比燃料電池便宜太多。

120 年後,卻是由於美蘇太空競賽而掀起燃料電池的第一度熱潮。1960 年代,美國為了執行載人登月的阿波羅計畫,急需開發高性能電源,因為無論是電腦與設備運作以及太空人的維生都需要用到電。如果只是短短的幾小時,那麼用傳統二次電池綽綽有餘,然而,登陸月球執行任務前後將近一個星期的時間,因此,不可能帶那麼大的二次電池上太空的,於是塵封百餘年的燃料電池被提出來。

太空中是沒有氧氣可供內燃機燃燒發電,因此,必須將氧氣攜帶上太空,而且太空人也需要氧氣維生,所以必須使用最少的氧來產生最大的電能,一般的燃油發電機只有 30% 的能源效率,比起氫氧燃料電池 60 ~ 80% 的效率,當然是採用燃料電池才能減少氧氣消耗,並減輕太空船重量,而且燃料電池反應的副產水和熱,更是太空人用得到的東西,這是燃料電池走出實驗室的首次實用。

說來奇怪,1960 年代,燃料電池就已經應用在太空船,那為何到了近幾年,燃料電池才又開始商用化發展,問題出在哪裡呢?這四十幾年間到底發生了哪些事?讓這本書慢慢告訴你。

要點百寶箱

1. 美蘇太空競賽開啟燃料電池的第一次熱潮。
2. 副產物水可以作為太空人的飲用水。
3. 溫室效應與石油匱乏造就燃料電池二度崛起。

N

燃料電池的熱潮

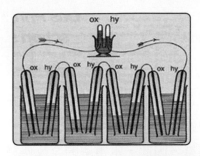

1839年
燃料電池誕生

葛羅夫和他的燃料電池

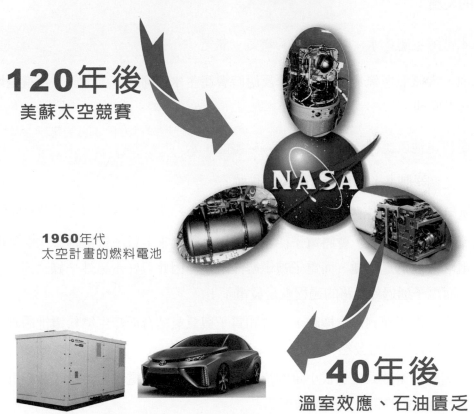

120年後
美蘇太空競賽

1960年代
太空計畫的燃料電池

40年後
溫室效應、石油匱乏

21世紀的燃料電池車、發電機

6-3 燃料電池是水電解的逆反應

談到燃料電池的發電原理，就先得從國中時期所學到的水電解說起。

水電解和燃料電池都是一種電化學反應，也就是有電子參與的化學反應。

在水電解的實驗中，在水加入少許的硫酸讓它具有導電性，然後再放入兩片錫箔，用電池連結兩片錫箔施加直流電壓時，錫箔表面就會冒出泡泡，連接電池正極的錫箔的氣泡就是氧氣，連接電池負極的錫箔表面就是氫氣，因此，水電解的全反應就是產生氫氣與氧氣的反應：

> 水電解反應：水 + 電能 ⟶ 氫氣 + 氧氣

相反地，當氫氣與氧氣進行電化學反應時會產生水，同時產生電能，這就是燃料電池發電的基本原理。

> 燃料電池反應：氫氣 + 氧氣 ⟶ 電能 + 水

用以下三個步驟來說明燃料電池工作原理：

1. 首先，氫氣導入燃料電池的陽極，氧氣則導入陰極。

2. 當氫氣流經陽極觸媒時，會將電子從氫原子中分離出來，質子會被陰極的氧氣所吸引而通過電解液而抵達陰極，而電子被電解液阻攔，因此只好走另外一條路徑，也就是外電路，而電子通過外電路的過程就是發電了！

3. 當電子通過外電路而到達陰極時，它會和質子與氧氣結合而產生燃料電池的唯一的產物純水，過程之中也會發熱。

單獨一個燃料電池只產生很小量的電能，如果將很多單電池組合一起而成為一個燃料電池堆時，就能夠的帶動一部電動車了。

要點百寶箱

1. 水電解和燃料電池都是電化學反應。
2. 水電解反應是燃料電池反應的逆反應。
3. 燃料電池發電的產物是水和熱。

燃料電池與水電解

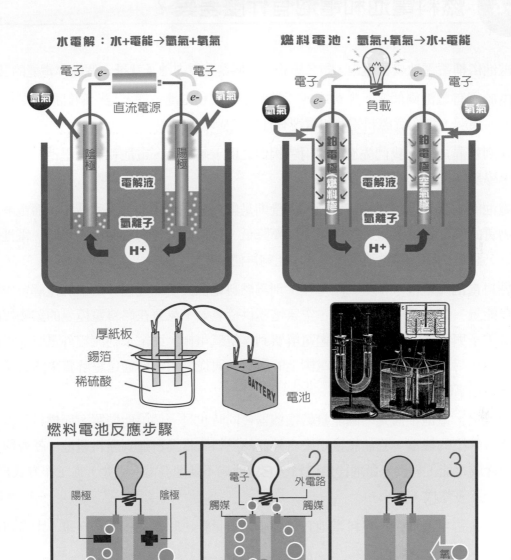

水電解：水+電能→氫氣+氧氣

電子 e- 氫氣 氧氣 e- 電子
直流電源
陰極 陽極
電解液
氫離子
H+

燃料電池：氫氣+氧氣→水+電能

電子 e- 氫氣 氧氣 e- 電子
負載
鉑電極（燃料極） 鉑電極（空氣極）
電解液
氫離子
H+

厚紙板
錫箔
稀硫酸
BATTERY 電池

燃料電池反應步驟

1
陽極 陰極
燃料電池
氫 氧
質子
電子 電解質膜

2
電子 外電路
觸媒 觸媒
質子
電解質膜

3
氧
氫
水
電解質膜

6-4 燃料電池和電池有什麼差異？

電池俗稱蓄電池或乾電池，顧名思義，一個具有電力池子就是一個儲存電能的裝置。

由於冠有電池兩個字，燃料電池經常會被誤認和電池一樣，是一個儲能的裝置，這是天大的誤解，那究竟燃料電池和電池有什麼差異呢？

談到差異之前，我們先來說明兩者相似之處，基本上，電池和燃料電池兩者都是利用電化學反應產生電力的裝置。

電池的兩端分別是正極與負極，能量則是儲存在電池內部的電解液中，而電解液中活性物質的濃度會隨著電力的供應而逐漸降低，當這些活性物質使用完畢時，電池就無法供電，必須更換新的電池或充電後才能夠再使用。

燃料電池和電池一樣具二個電極，別為燃料電極與空氣電極，內部的電解質中則無法儲存能量。燃料電極供給氫氣，空氣電極供給氧氣，氫氣在燃料電極上的鉑觸媒離子化成為質子與電子，其中質子透過電解質到達空氣電極，而電子則流經外電路而移動至空氣電極，另一方面，氧在空氣電極上的觸媒，與從燃料電極通過電解質來的質子及外電路移動過來的電子反應得到水。

簡言之，電池不僅是一個能量轉換機器，同時也是一個儲能裝置，而燃料電池只是一個能量轉換的機器，它的能量是來自外面的燃料，當燃料進到燃料電池，就會將其化學能轉變成電能，只要不斷地提供燃料，它就能夠不斷地發電。因此，從工作方式來看，它比較接近發電機。

與傳統蓄電池比較，燃料電池有體積小、重量輕、時效長、不必充電、不會自行放電等優點。

🏛️ 要點百寶箱

1. 電池與燃料電池都利用電化學反應產生電能。
2. 燃料電池可以連續輸出電能，電池則無法連續輸出電能。
3. 燃料電池不需充電，電池要充電。

燃料電 vs. 蓄電池

乾電池和燃料電池的比較

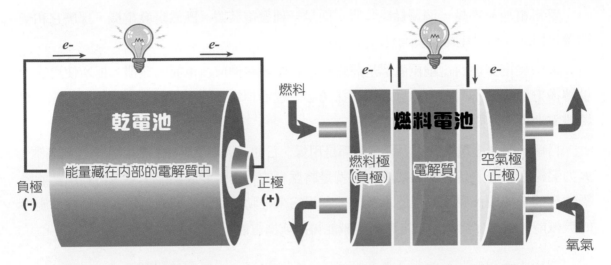

相同點：化學能轉換為電能

不同點：沒有燃料進出口
電解質含有活性物質

相同點：化學能轉換為電能

不同點：有燃料與空氣的進出口
電解質不具有活性物質

燃料電池的優點

體積小、重量輕、時效長、不必充電、不會自行放電

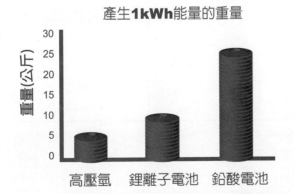

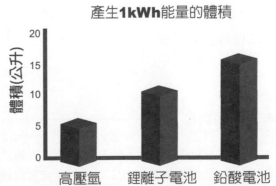

6-5 燃料電池和火力發電廠有什麼不同？

燃料電池並不是一個蓄儲能裝置，而是一種發電裝置，既然是發電機，那麼它和柴油發電機或火力發電廠究竟有什麼差異呢？

火力發電與燃料電池兩者都是將燃料的化學能轉換成為電能的機器。但所使用的能量轉換方法卻大不同，火力發電拐彎抹角必須經過相當多的步驟才得到我們要的電，而燃料電池發電只要一步就能到位。

目前，柴油發電機或火力發電廠都是用煤、石油或天然氣等化石燃料作為燃料來源，火力發電必須先將這些燃料燃燒，也就是將燃料的化學轉變成熱能，然後再利用熱能將鍋爐裡的水燒成高壓及高溫的水蒸氣，利用它來推動蒸氣渦輪機而將熱能就轉換為旋轉的機械能，最後，再利用發電機將機械能轉換成為電能：

> 火力發電：化學能 $\xrightarrow{\text{燃燒}}$ 熱能 ⟶ 機械能 ⟶ 電能

在一連串的能量轉換過程中，火力發電不僅會產生噪音，並排放大量溫室氣體與污染物，同時也會造成損失而降低發電效率。

相對地，燃料電池直接將燃料的化學能經由電化學反應直接轉變為電能：

> 燃料電池發電：化學能 $\xrightarrow{\text{電化學反應}}$ 電能

由於燃料電池本身沒有轉動元件所以噪音低，發電過程中不涉及燃燒，所以沒有污染排放，如果使用氫氣作為燃料時，產物只有水而不會排放溫室氣體與污染物。一般而言，燃料電池發電效率比上火力發電的效率要高上 2 ～ 3 倍，因此燃料電池發電機技術一部環保綠色發電機。

✦ 要點百寶箱 ●━━━━━━━━

1. 火力電廠的燃料是化石燃料，會產生大量溫室氣體。
2. 燃料電池的燃料是氫氣，不會產生溫室氣體。
3. 燃料電池與火力電廠都是將化學能轉換成電能的裝置。

燃料電池 vs. 火力發電

火力發電

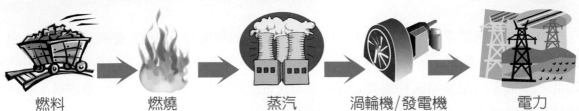

燃料　　　　燃燒　　　　蒸汽　　　渦輪機/發電機　　　電力

燃料電池

燃料　　　　　　　　燃料電池　　　　　　　　電力

各種不同發電技術之效率之比較

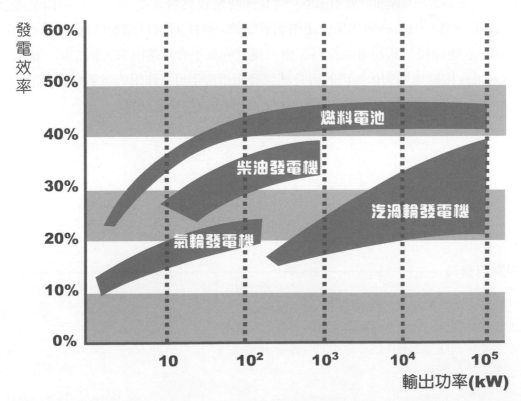

6-6 早期的燃料電池研究

　　葛羅夫的氣體電池 50 年後的 1889 年，燃料電池的研究有了進展，英國人蒙德 (Mond) 與藍格 (Langer) 採用了多孔矩陣結構的石棉，將稀硫酸電解液容納入石棉內的小孔洞中，因此，不需要將電極浸入稀硫酸溶液中，如此可以使得電池的組裝變得簡單容易，同時性能比較穩定。

　　1896 年，美國人傑克斯 (Jacks) 將溫度 400℃ 至 500℃ 的熔融氫氧化鉀倒入鐵製容器中，並在中央插入碳棒電極，在鐵製容器吹入空氣，使碳棒成為正極而開始作用，再串聯成 100 組，成功地輸出 1.6 千瓦的電力，時間長達 6 個月。

　　德國人拜耳 (Bayer) 投入熔融鹽電解質研發，在嘗試各種不同的熔融鹽後，於 1921 年提出如圖所示的燃料電池，其中的熔融鹽電解質由碳酸鉀與碳酸鈉混合而成，負極是鐵與氫氣而正極是氧化鐵與空氣，在 800℃ 的高溫下可以得到 0.77 伏特的電壓以及 4.1 毫安培／平方公分的電流密度。雖然拜耳所發明的熔融鹽燃料電池性能不高，卻是後來溶熔融碳酸鹽燃料電池的鼻祖。

　　相對於高溫燃料電池的持續進展，與此同時常溫燃料電池的性能也不斷地改良。1932 年德國人黑斯 (Heise) 與休馬巴使用氧氧化鈉 (蘇打) 取代熔融鹽作為電解液，再以石蠟進行防水處理後的碳粉粉末作為正極，使電解液不會滲透出來。第二年，德國人多普勒 (Doppler) 根據黑斯與休馬巴的研究結果發明常溫下可以作用的氫氧燃料電池，並確認性能可大大地提高，此進展為後續鹼性燃料電池的研發奠定基礎。

要點百寶箱

1. 石蠟可以作為疏水劑，使得電極表面不容易沾水。
2. 拜耳熔融鹽燃料電池是熔融碳酸鹽燃料電池的鼻祖。
3. 多普勒燃料電池是鹼性燃料電池的前身。

早期的燃料電池

拜耳熔融鹽燃料電池

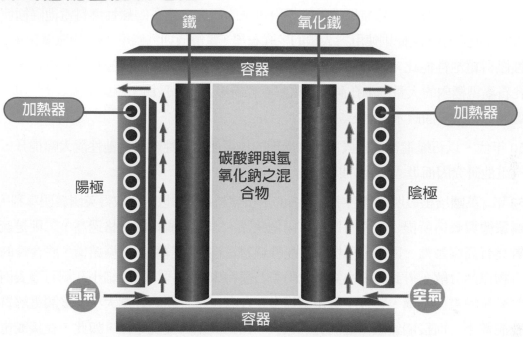

多普勒燃料電池

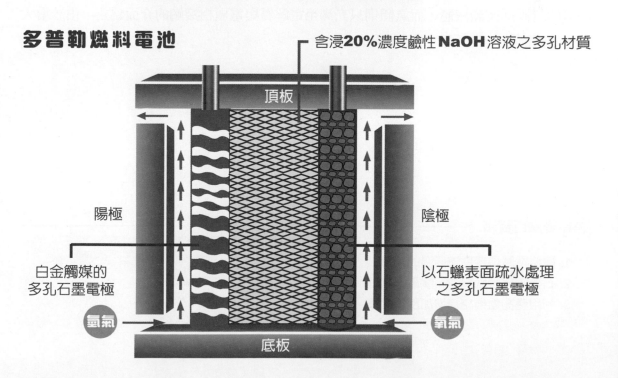

6-7 培根燃料電池首度取得發明專利

多普勒燃料電池可說是鹼性燃料電池的鼻祖。

二次世界大戰，蘇聯人達布延續鹼性燃料電池的研究。達布的鹼性燃料電池陽極使用摻入鎳的多孔石墨，陰極則使用摻入銀的多孔石墨，電解液則為濃度 35% 的氫氧化鉀。達布鹼性燃料電池性能比多普勒鹼性燃料電高出許多，其關鍵在於電極材料的改進，也就是多孔石墨電極內的大量細小孔洞，讓電解液容易滲入，而且為了避免電極表面阻塞，而以石蠟進行電極表面疏水處理。

1950 年代，以石蠟進行電極表面疏水處理的技術使得鹼性燃料電池性能大幅提升，鹼性燃料電池研究因而進入全盛時期。

1952 年，英國培根發明以其名字所命名的培根燃料電池，也正式取得英國發明專利，培根認為蒙德與藍格所提出的燃料電池有兩個缺點，一是鉑觸媒的價格過高，二則是硫酸電解質具有高腐蝕性。因此，培根改良鹼性燃料電池之電解液與電極結構，將含鎳的有機化合物作熱分解，得到的細小鎳微粒附著石墨粉末表面再燒結，細小孔洞石墨表面分散有鎳微粒的電極結構。另外，電極結構中存在有二種不同的孔洞大小，接觸電解質部分的孔洞較小，而接觸氣體位置的孔洞較大，因此又稱為雙孔電極，如此，在接觸電解質的位置則充滿液體，而氣體則只充滿至電解質與電極相接觸的介面為止，由於增大反應的表面積，效率可大幅地提升。

要點百寶箱

1. 開路電壓是無電流通過的電壓。
2. 石墨電極表面需作石蠟疏水處理。
3. 利用雙孔電極結構增加反應面積，提升反應效率。

培根鹼性燃料電池

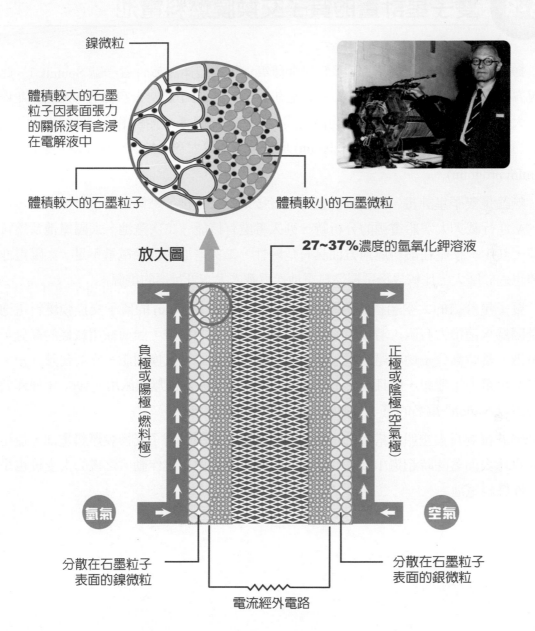

鎳微粒

體積較大的石墨
粒子因表面張力
的關係沒有含浸
在電解液中

體積較大的石墨粒子

體積較小的石墨微粒

放大圖

27~37%濃度的氫氧化鉀溶液

負極或陽極（燃料極）

正極或陰極（空氣極）

氫氣

空氣

分散在石墨粒子
表面的鎳微粒

分散在石墨粒子
表面的銀微粒

電流經外電路

6-8 雙子星計畫的質子交換膜燃料電池

　　1957 年 10 月 4 日造衛星蘇聯發射全球第一枚人造衛星旅行者一號 Sputnik I。此事對西方國家造成相當大的震撼，美國於是在 1958 年成立了航空太空總署 NASA，並提出載人太空飛行的構想，從此美蘇開便展開激烈的太空競賽。美國總統甘迺迪提出了登陸月球的阿波羅計畫 (Apollo space mission) 與一連串訓練太空人先期訓練計畫 - 雙子星計畫 (Gemini program)。

　　無論是雙子星計畫、阿波羅計畫，或者後來的太空梭，燃料電池都扮演關鍵角色。NASA 進行載人太空船電源的分析時，列入考慮有核能、二次電池、太陽電池及燃料電池等，其中，核電在廢料處理方面具有危險性，二次電池過重且電量不足，太陽電池的體積也過於龐大，比較之後選擇燃料電池作爲載人太空飛行器的電源。

　　雙子星計畫的太空船搭載美國奇異公司 (General Electric) 的質子交換膜燃料電池，這是因爲火箭推力有限，若採用鹼性燃料電池則有可能過重，因而採用較輕的高分子燃料電池。當時高分子燃料電池電解質使用了聚苯乙烯離子交換樹脂，它的耐熱性差，壽命與輸出電力不理想，而且由於電解質膜劣化污染生成水而無法飲用。1966 年杜邦公司開發出以 Nafion® 爲名的質子交換膜，上述問題始獲解決。

　　阿波羅登月太空船所搭載的是鹼性燃料電池，並不是質子交換膜燃料電池，這是因爲在月球表面著陸時超過 100℃ 的環境下燃料電池仍要正常作動。之後的太空梭也是採用鹼性燃料電池。

 要點百寶箱

1. 傑米尼太空船搭載高分子燃料電池。
2. 傑米尼太空船固態高分子隔膜降解污染生成水，太空人無法飲用。
3. 杜邦 Nafion® 膜解決電解質膜劣化的問題。

雙子星計畫的燃料電池

太空船內的燃料電池

雙子星號太空船燃料電池系統

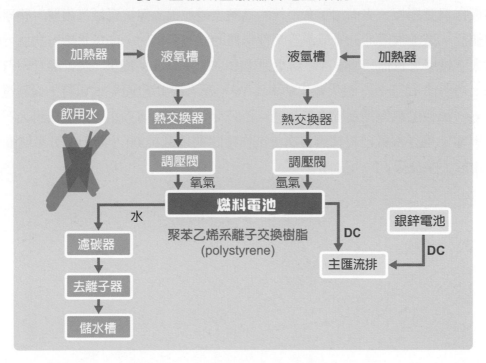

6-9 阿波羅太空船的鹼性燃料電池

　　1959 年培根開發出 5 千瓦的鹼性燃料電池焊接機，同年 10 月為艾利斯 - 查爾瑪斯公司 (Allis-Chalmers) 製造出 20 馬力的鹼性燃料電池曳引機。兩者都為後來太空船用的鹼性燃料電池奠定了基礎。

　　阿波羅登月太空船電源採用飛機製造商普惠公司所開發出來的鹼性燃料電池 PC3A，PC3A 基本上就是改良型的培根燃料電池，它的最大輸出功率為 2.3 千瓦，額定輸出則為 0.6 至 1.4 千瓦，太空船共搭載 3 個 PC3A，負責全部飛行電力供應。

　　太空梭初期採用艾利斯 - 查爾瑪斯公司的石棉膜型鹼性燃料電池。它以石棉膜作為電解質隔膜，並以莫耳濃度 35% 的氫氧化鉀電解液；氣體擴散電極則是以厚度 0.7mm 與孔隙率 80% 的多孔鎳板作支撐導電層，並在多孔鎳板上以化學沈積法沈積鉑鈀觸媒，以氧化鎂板作為雙極板，表面加工有平行的氣體流道並鍍上鎳抗腐蝕保護層，雙極板設計有散熱鰭片，電池堆置於充氮或氬等惰性氣體的鎂製圓筒內，並以水冷方式進行散熱。第三代太空梭用之石棉膜型鹼性燃料電池是由 UTC Power 所提供，每部鹼性燃料電池的額定輸出功率為 12 千瓦，最大輸出功率為 16 千瓦，輸出電壓為 28 伏特，而發電效率可高達 70%，鹼性燃料電池系統重量超過一百公斤；截至目前為止，太空梭用之石棉膜型鹼性燃料電池飛行次數已經超過百次，工作時間則超過 9,000 小時，充分證明鹼性燃料電池應用於太空飛行上的可靠性。

要點百寶箱

1. 阿波羅太空船採用培根型鹼性燃料電池。
2. 太空梭搭載石棉膜型鹼性燃料電池。
3. 搭載石棉膜鹼性燃料電池之太空梭飛行次數已達 113 次。

阿波羅太空船的燃料電池

阿波羅太空船之動力

阿波羅登月計畫

阿波羅太空船的動力
3組PC3A鹼性燃料電池

阿波羅太空船

太空梭之動力

哥倫比亞號太空梭

全世界第一部燃料電池曳引機
-太空梭燃料電池的前身

太空梭鹼性燃料電池

6-10 從天上到人間的燃料電池

　　1960 年代，鹼性燃料電池成功應用於太空飛行電源，阿波羅登月太空船與太空梭都使用鹼性燃料電池。

　　同一時間，許多國家開始對燃料電池在民生應用進行評估。最早的民生應用以交通工具為主，1966 年，美國通用汽車開發出全世界第一部鹼性燃料電池客貨車 GM Electovan，比利時進行鹼性燃料電池巴士試驗、德國西門子公司也進行車用鹼性燃料電池的相關試驗、英國倫敦地區出現 5 千瓦鹼性燃料電池的計程車。然而，這些研究最後都無疾而終，重要原因之一就是無法解決二氧化碳對鹼性電解質造成劣化的問題，由於鹼性燃料電池電解液中的氫氧化鉀或氫氧化鈉會和二氧化碳發生反應而消耗。

$$2KOH + CO_2 \rightarrow K_2CO_3 + H_2O$$

　　如此，電解液的濃度逐漸降低而喪失它的功能，此一現象稱為電解質劣化。因此，在地面上使用鹼性燃料電池必須先除去空氣中的二氧化碳，這個複雜分離技術對鹼性燃料電池的實用化的確是相當大的障礙。

　　於是許多國家開始致力於開發以酸為電解質的燃料電池，其中，磷酸為電解質的磷酸燃料電池首先獲得突破。1967 年，以普惠公司為首的 TARGET 計畫進行天然氣磷酸燃料電池發電機的開發。目前，磷酸燃料電池技術已經成熟，由於是最早商業化的燃料電池，因此也被稱作第一代的燃料電池。磷酸燃料電池可以有效地利用高溫排熱再提高發電效率，一般作為現地用熱電共生發電系統。此外，磷酸燃料電池除了可使用都市天然氣供氣外，也可以將污水處理場、酒廠、垃圾場、養豬場等地所產生的甲烷氣進行環保再生利用。

要點百寶箱

1. 鹼性電解液會和二氧化碳產生反應，不適合用在人類生活的大氣層內。
2. 民生實用化的燃料電池使用酸性電解液取代鹼性電解液。
3. 磷酸燃料電池技是第一代燃料電池。

早期的燃料電池車

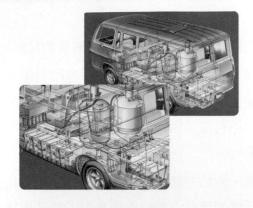

1966年，燃料電池客貨車GM Electovan

1970年，鹼性燃料電池/二次電池混合動力車

1967年，燃料電池摩托車

1979年，40 KW 磷酸燃料電池

6-11 多樣化的燃料電池

　　燃料電池的種類相當多，常見的分類方式是依操作溫度的高低和電解質的材料。

　　操作溫度在 300℃ 以下的叫作低溫燃料電池，300℃ 以上則稱為高溫燃料電池。常見的低溫燃料電池有質子交換膜燃料電池、鹼性燃料電池、磷酸燃料電池三種；高溫燃料電池則有熔融碳酸鹽燃料電池與固態氧化物燃料電池兩種。低溫燃料電池需使用白金作為觸媒，高溫燃料電池不必使用貴金屬觸媒。

　　鹼性燃料電池是使用氫氧化鉀溶液電解質，由於空氣中的二氧化碳會與氫氧化鉀產生反應而破壞電解質，因此，鹼性燃料電池通常使用在太空船與潛水艇等特殊用途上，並不適合應用於陸地的民生用途。

　　質子交換膜燃料電池使用高分子膜作為電解質，運轉溫度低於 100℃，目前車輛均採用此種燃料電池，也是目前全世界投入最多研究的燃料電池。

　　磷酸燃料電池的電解質為濃磷酸，運轉溫度大約為 200℃，它可以同時提供熱水和電力，適合作為熱電共生系統使用。磷酸燃料電池是最早商業化的燃料電池，也稱作第一代燃料電池。

　　熔融碳酸鹽燃料電池以碳酸鋰或碳酸鉀為電解質，在常溫時電解質是固態的無法導電，溫度提高到 650℃ 時則呈透明的液狀，此時碳酸根離子就可以自由游動。熔融碳酸鹽燃料電池是第二代燃料電池，適合作為大型發電站使用。

　　固態氧化物燃料電池是第三代燃料電池，所使用的陶瓷電解質在大約 800℃ 下可傳導氧離子。固態氧化物燃料電池可和燃氣渦輪機結合而成為複合電廠，提高發電效率。

要點百寶箱

1. 固態高分子燃料電池、鹼性燃料電池、磷酸燃料電池是低溫燃料電池。
2. 熔融碳酸鹽燃料電池與固態氧化物燃料電池是高溫燃料電池。
3. 同時利用電力與餘熱的燃料電池熱電共生系統 (cogeneration)。

燃料電池的種類

PAFC 160-200 ℃

PEFC <100 ℃

MCFC 600-800 ℃

SOFC 800-1000 ℃

PAFC 160-200 ℃

	低溫形			高溫形	
燃料電池的種類	固態高分子燃料電池 **PEMFC**	磷酸燃料電池 **PAFC**	鹼性燃料電池 **AFC**	溶融碳酸鹽燃料電池 **MCFC**	固態氧化物燃料電池 **SOFC**
燃料	氫氣 甲醇	氫氣 天然氣	純氫	氫氣、天然氣 液化石油氣	氫氣、天然氣 液化石油氣
運轉溫度(℃)	室溫～100	160～210	室溫～260	600～800	800～1000
電解質	質子 交換膜	濃磷酸	氫氧化鉀	碳酸鋰、 碳酸鉀	氧化鋯系陶瓷 (固態氧化物)
電荷載體	氫離子	氫離子	氫氧根離子	碳酸根離子	氧離子
排熱利用	溫水	溫水、蒸氣	溫水、蒸氣	蒸氣渦輪 燃氣渦輪	蒸汽渦輪 燃氣渦輪
特徵	低溫作動 高輸出密度 移動式電源 車輛動力	排熱利用作熱水、冷暖氣使用 已商用化	低溫下作動 高輸出功率	高發電效率 排熱利用 複合發電系統 熱電共生系統 燃料可內改質	高發電效率 排熱利用 複合發電系統 熱電共生系統 燃料可內改質

6-12 燃料電池是用什麼材料作成的？

　　作為燃料電池的材料相當多，有高分子材料、金屬材料、陶瓷材料，甚至半導體材料等，不同類型的燃料電池其組成材料各有不同，以下將就磷酸、固態氧化物與熔融碳酸鹽燃料電池做簡單介紹。

- 磷酸燃料電池：磷酸燃料電池的基本單元單電池是由含有濃磷酸電解液的多孔隔膜以及陰陽兩個電極所構成的。電極材料與分隔板必須具有良好的導電性與耐酸性，一般是使用碳纖維、石墨板等材料。另外，陽極觸媒通常使用鉑釕合金，而陰極觸媒則單獨使用鉑。

- 熔融碳酸鹽燃料電池：熔融碳酸鹽燃料電池的電解質一般使用鋰、鉀的碳酸鹽，600°C 反應條件下碳酸鹽溶融成為液態；陰極材料是對還原碳酸鹽耐蝕的含鉻與鋁的鎳；陽極材料則是對氧化空氣中碳酸鹽耐蝕的氧化鎳。

- 固態氧化物燃料電池：固態氧化物燃料電池是一種陶瓷燃料電池，電解質是採用摻入 8% 氧化釔的氧化鋯 (YSZ)；陽極材料須在高溫的氧化環境下仍呈安定狀態，一般使用在氫氣氧化作用下高活性的鎳與 YSZ 之混合物 (Ni/YSZ) 燒結而成的金屬陶瓷，陰極材料則使用耐高溫空氣下能夠安定的摻入鍶的錳酸鑭 (LSM)。

　　由以上可知，燃料電池的電極材料必須考量電解質、工作溫度與氧化或還原環境選擇合適的材料。另外，燃料電池連接板的成本占全部成本的比例很大，量產化將使得材料與製造成本降低。

要點百寶箱

1. 從石墨到陶瓷皆可能成為電極材料。
2. 耐蝕的電極材料是燃料電池壽命的關鍵。
3. 固態氧化物燃料又稱作陶瓷燃料電池。

燃料電池的材料

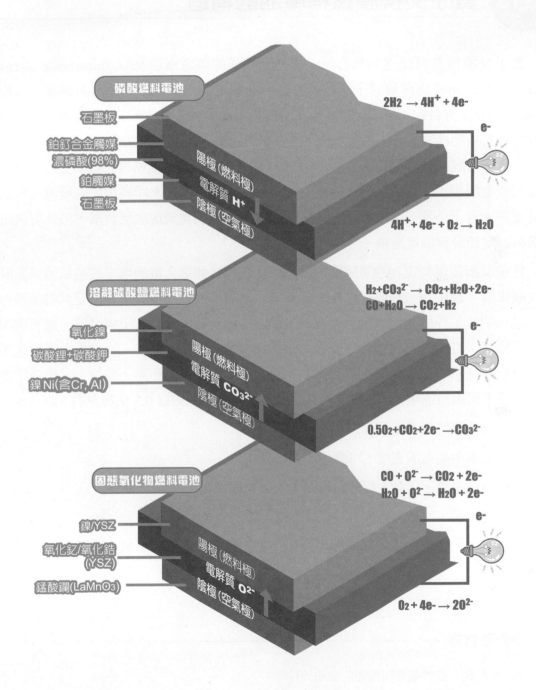

磷酸燃料電池

石墨板
鉑釕合金觸媒
濃磷酸(98%)
鉑觸媒
石墨板

陽極(燃料極)
電解質 **H$^+$**
陰極(空氣極)

$2H_2 \rightarrow 4H^+ + 4e^-$

e$^-$

$4H^+ + 4e^- + O_2 \rightarrow H_2O$

溶融碳酸鹽燃料電池

氧化鎳
碳酸鋰+碳酸鉀
鎳 Ni(含Cr, Al)

陽極(燃料極)
電解質 **CO$_3^{2-}$**
陰極(空氣極)

$H_2+CO_3^{2-} \rightarrow CO_2+H_2O+2e^-$
$CO+H_2O \rightarrow CO_2+H_2$

e$^-$

$0.5O_2+CO_2+2e^- \rightarrow CO_3^{2-}$

固態氧化物燃料電池

鎳/YSZ
氧化釔/氧化鋯
(YSZ)
錳酸鑭(LaMnO$_3$)

陽極(燃料極)
電解質 **O^{2-}**
陰極(空氣極)

$CO + O^{2-} \rightarrow CO_2 + 2e^-$
$H_2O + O^{2-} \rightarrow H_2O + 2e^-$

e$^-$

$O_2 + 4e^- \rightarrow 2O^{2-}$

6-13 質子交換膜燃料電池的構造

　　質子交換膜燃料電池的核心是一片五層結構的膜電極組 MEA (membrane electrode assembly)，中間層為傳輸質子的電解質膜，在膜兩側為觸媒層，係由鉑觸媒、碳粉、Nafion、Teflon 混合物所製成，而陽極與陰極的電化學反應即分別在此兩層進行。在觸媒層外側者為氣體擴散層，大都使用疏水性碳紙或碳布，反應氣體即經由此擴散至觸媒層，而反應水亦可經由此兩層擴散排出。MEA 外側者為兩層具有氣體導流槽的雙極板，大都以碳板或金屬板加工而成，而陽極與陰極的反應氣體與生成水即經由此兩層流場板進出燃料電池。以上一層一層堆疊好之後，兩端以集電器將電流傳送至負載，最外層再用兩片端板固定鎖緊整個電池堆。

　　質子交換膜燃料電池發電原理，為氫氣從流體接頭進入電池堆，經過氣體擴散層而抵達觸媒層，經由白金觸媒催化後，氫氣氧化為質子並釋出電子，質子受到電滲透力驅策，以一個質子伴隨數個水分子的方式，經由電解質層輸送至陰極觸媒層，電子則因電位差的緣故，經由外電路作功之後進入陰極觸媒層。質子、電子、加上由陰極輸送來的氧氣反應產生水。總反應為氫氣和氧氣反應，產生水及電力和熱。理論上，可逆電壓為 1.23 伏特，但因為過電位及內電阻使得其一般的工作電位約為 0.7 伏特左右。

　　質子交換膜燃料電池具有以下的基本特性：

1. 高發電效率與高電流密度，可實現小型輕量化。

2. 可在低溫與室溫下作動，起動的時間短，可立即停止。

3. 電解質是固態，不會流失。

　　綜合以上的特徵，質子交換膜燃料電池是相當適合應用在車輛或移動電源產品方面的應用。

要點百寶箱

　1. MEA 是質子交換膜燃料電池的核心元件。

　2. 觸媒層的成分為白金顆粒、碳粉、Nafion® 與 Teflon。

　3. 質子交換膜燃料電池適合用作運輸工具動力。

質子交換膜燃料電池的構造

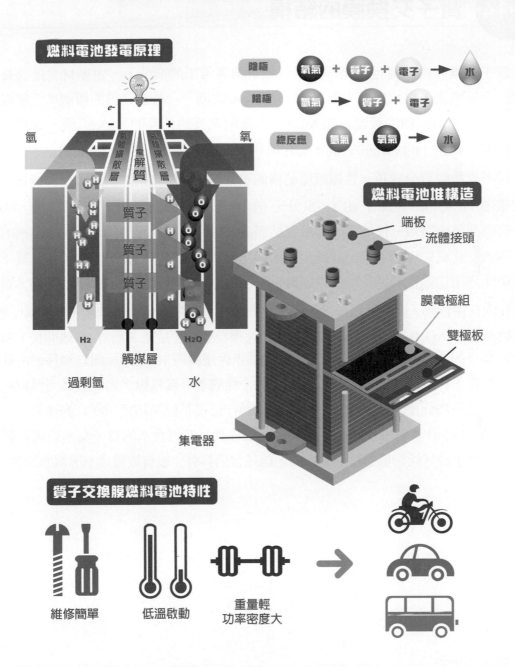

燃料電池發電原理

陰極	氧氣 + 質子 + 電子 → 水
陽極	氫氣 → 質子 + 電子
總反應	氫氣 + 氧氣 → 水

質子

質子

質子

H2   觸媒層   H2O

過剩氫   水

燃料電池堆構造

端板
流體接頭
膜電極組
雙極板
集電器

質子交換膜燃料電池特性

維修簡單   低溫啟動   重量輕
功率密度大

6-14 質子交換膜的結構

　　質子交換膜燃料電池的電解質是一種可傳導質子的高分子，主要材質是含有磺酸與碳的全氟樹脂，它的厚度大約在 15 ～ 200μm 之間，一般會在膜的兩側塗上觸媒而成為一體化三明治結構的膜電極組 MEA。大家所熟悉的杜邦的 Nafion® 膜，以及戈爾的 PRIMEA®、旭硝子的 Flemion® 膜、旭化成的 Aciplex® 膜等都是質子交換膜。

　　質子交換膜可分成疏水性鐵氟龍結構的主幹區、乙醚結構的側鏈，以及側鏈末端由磺酸根離子 (SO_3^-)、氫離子 (H^+)、水分子 (H_2O) 等所組成的離子簇等三個區域。Nafion® 奈米管模型是由隨機分佈的奈米管所連結而成，每一個奈米管由兩端鐵氟龍結構的主幹以三明治方式夾住中間通道，通道平時保持空孔狀態運轉時則充滿水分子，而質子則是經由中間通道從陽極傳遞到陰極。磺酸根離子固定不動地附著在主幹上的側鏈，質可以在空孔內自由移動。側鏈懸吊 — SO_3H 是一種親水性的陽離子交換基團，當陰極反應時，靠近陰極的 — SO_3H 就會釋放出 H^+ 參與電化學反應而生成水，而當 H^+ 離開後，SO_3^- 便會吸引鄰近的 H^+ 填補空位，同時，由於電位差促使膜內 H^+ 從陽極向陰極移動。此親水性簇上的質子移動時，將會有超過兩個水分子伴隨著一起移動，因此膜必須保持濕潤狀態，這也就是為什麼質子交換膜燃料電池的操作溫度不能夠超過 100℃ 的緣故。水合質子 $m(H_2O—H^+)$ 沿著磺酸根離子側連鎖式跳躍移動，使得含水的質子交換膜成為質子的良導體。質子雖然能夠通過質子交換膜，但是它仍具有一般有機體之不導電的特性。

☆彡 要點百寶箱

1. 質子交換膜的溫度不可超過 100℃。
2. 質子交換膜不導電。
3. 質子交換膜需要加濕才能導質子。

質子交換膜的結構

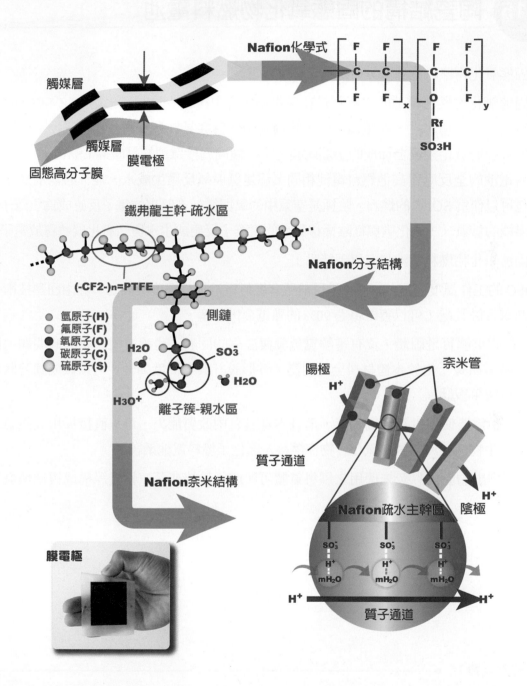

觸媒層

觸媒層

膜電極

固態高分子膜

Nafion化學式

鐵弗龍主幹-疏水區

$(-CF_2-)_n=PTFE$

Nafion分子結構

- 氫原子(H)
- 氟原子(F)
- 氧原子(O)
- 碳原子(C)
- 硫原子(S)

側鏈

H_2O

SO_3^-

H_2O

H_3O^+

離子簇-親水區

Nafion奈米結構

膜電極

陽極

H^+

奈米管

質子通道

H^+

陰極

Nafion疏水主幹區

SO_3^-　SO_3^-　SO_3^-

H^+　H^+　H^+

mH_2O　mH_2O　mH_2O

H^+　　　　　　　H^+

質子通道

6-15 陶瓷結構的固態氧化物燃料電池

固態氧化物燃料電池 SOFC 是第三代燃料電池。

固態氧化物燃料電池的電解質是在氧化鋯陶瓷中摻雜少量的氧化釔 YSZ，在 800°C 時具有氧離子的傳導性，在電極方面，陰陽兩極皆爲透氣性良好的多孔材質，陽極是將氧化鋯陶瓷與氧化鎳混合而成的金屬陶瓷，空氣極則爲摻雜鍶的錳酸鑭 LSM。固態氧化物燃料電池的全反應與其他燃料電池相同，都是氫與氧反應生成水，唯一的差別是一氧化碳也可以作爲 SOFC 的燃料。陰極是空氣中的氧與從外電路來的電子反應成爲氧離子，而在陽極的氫氣、一氧化碳與從陰極移動來的氧離子反應成生水與二氧化碳並釋放電子。

固態氧化物燃料電池具有以下特點：

1. SOFC 的工作溫度超過 800°C，是目前所有燃料電池操作溫度最高的，經由回熱技術進行熱電合併發電，可以獲得超過 90% 的熱電合併效率。

2. SOFC 的電解質是固體，沒有電解質蒸發與溢漏的問題，也沒有電極腐蝕的問題，因此運轉壽命長。由於本體材料全是固體，外形設計具有高度彈性，可以做成圓管狀也可以做成平板狀。

3. SOFC 不需要使用貴重金屬觸媒，而且本身具有內改質能力，可以直接採用天然氣、煤氣、生物氣、或其他碳氫化合物作燃料，簡化了燃料電池系統。

4. SOFC 排出的餘熱以及未使用之燃料氣體可與燃氣輪機或蒸汽輪機等構成複循環發電系統。

🏛 要點百寶箱 ●━━━━━━━━━━━━━━━━━━━━━━━━

1. 固態氧化物燃料電池是高溫燃料電池
2. 固態氧化物燃料電池電荷載體為氧離子。
3. 一氧化碳是固態氧化物燃料電池的燃料。

固態氧化物燃料電池的原理

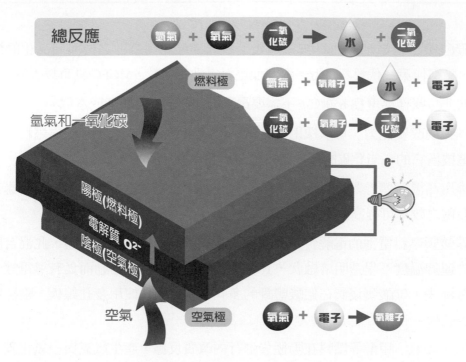

總反應　氫氣 + 氧氣 + 一氧化碳 → 水 + 二氧化碳

燃料極　氫氣 + 氧離子 → 水 + 電子

一氧化碳 + 氧離子 → 二氧化碳 + 電子

氫氣和一氧化碳

陽極(燃料極)
電解質 O^{2-}
陰極(空氣極)

空氣

空氣極　氧氣 + 電子 → 氧離子

e-

固態氧化物燃料電池的構造

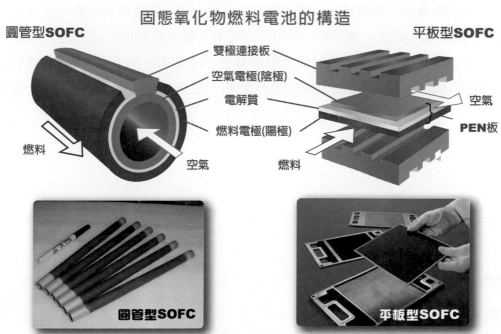

圓管型SOFC

平板型SOFC

雙極連接板
空氣電極(陰極)
電解質
燃料電極(陽極)

空氣

PEN板

燃料

空氣

燃料

圓管型SOFC

平板型SOFC

6-16 二氧化碳當燃料的熔融碳酸鹽燃料電池

　　熔融碳酸鹽燃料電池 MCFC 被視為是緊接著磷酸燃料電池之後而商品化的燃料電池，因此，又稱作第二代燃料電池。與其他燃料電池相比較，MCFC 具有以下幾項特點：

1. MCFC 的典型操作溫度為 650℃，不需要昂貴的鉑作觸媒，製造成本低。

2. MCFC 具有內改質能力，可以採用天然氣、煤氣和柴油等碳氫化合物為燃料，而比起傳統發電技術它的二氧化碳的排放量可以減少達 40% 以上。

3. MCFC 排出高溫氣體餘熱可以回收，熱電共生效率很高，也可以與氣輪機並聯發電，複循環發電之效率可提高到 80%。

　　熔融碳酸鹽燃料電池的電解質是碳酸鋰與碳酸鉀混合而成的碳酸鹽，此混合碳酸鹽在 650℃ 的運轉溫度下呈透明熔融狀，其中碳酸離子可以自由移動而具有導電性。為了防止電解質漏失，碳酸鹽浸潤在鋁酸鹽鉀的多孔板中。陽極使用多孔鎳板，陰極則使用氧化鎳的多孔板。

　　天然氣、煤氣、甲醇等燃料在陽極先進行內改質反應，產生氫氣與一氧化碳，所產生的一氧化碳則進行水氣轉移反應成為氫氣與二氧化碳，同時氫與碳酸根離子反應而生成為水、二氧化碳與電子。電子經由外電路而流至供應空氣之陰極，陰極由空氣中的氧、二氧化碳與外電路送來的電子反應為碳酸根離子。碳酸根離子在可自由移動的熔融碳酸鹽電解質中與陽極反應。二氧化碳是陰極的燃料，它是將陽極所產生的二氧化碳回收再利用，因此而形成碳平衡的現象。

要點百寶箱

1. 熔融碳酸鹽燃料電池主要用途為區域型的大型發電廠。
2. 二氧化碳是熔融碳酸鹽燃料電池的反應物也是產物。
3. 熔融碳酸鹽燃料電池的餘熱可以用來發電。

熔融碳酸鹽燃料電池的工作原理

陽極反應
$$CO + H_2O \rightarrow CO_2 + H_2$$
$$H_2 + CO_3^{2-} \rightarrow CO_2 + H_2O + 2e^-$$

陰極反應
$$0.5O_2 + CO_2 + 2e^- \rightarrow CO_3^{2-}$$

陽極排氣
空氣
陰極進氣
潔淨燃料氣體
水蒸氣

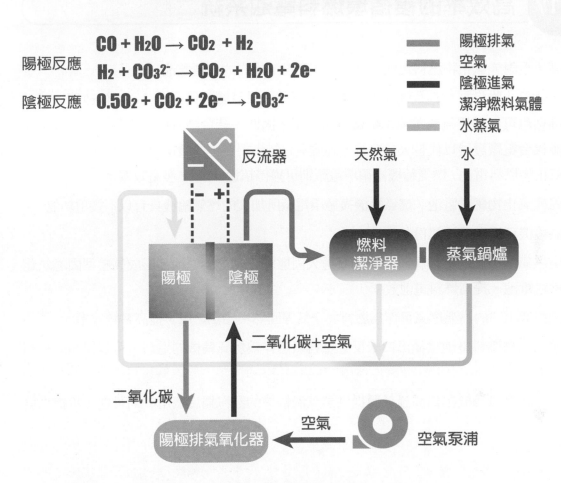

反流器

天然氣　水

陽極　陰極

燃料潔淨器　蒸氣鍋爐

二氧化碳+空氣

二氧化碳

陽極排氣氧化器　空氣　空氣泵浦

MCFC熱模組

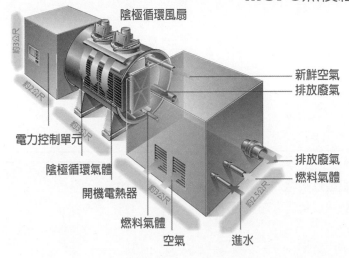

陰極循環風扇

新鮮空氣
排放廢氣

電力控制單元
陰極循環氣體
開機電熱器
燃料氣體
空氣　進水

排放廢氣
燃料氣體

6-17 高效率的複循環燃料電池系統

高溫型固態氧化物燃料電池是唯一可在高壓下操作的燃料電池。

固態氧化物燃料電池反應溫度非常高，不僅燃料氣體可以在燃料電池內改質，而且高溫排熱也可作為燃氣或蒸氣渦輪機發電之用。因此，結合燃氣輪機與蒸氣渦輪機可往 MW 級複合電廠發展以代替火力發電。固態氧化物燃料電池的發電效率約為 40 ～ 50%，固態氧化物燃料電池 / 燃氣輪機複循環電廠則可獲得超過 60% 之發電效率。

固態氧化物燃料電池 / 燃氣輪機複循環電廠所加裝的燃氣輪機具有以下幾項功能：

1. 燃氣輪機可提供系統部份發電量。

2. 經由燃氣輪機組的壓縮機將空氣加壓送入固態氧化物燃料電池，形成高壓型固態氧化物燃料電池，提高燃料電池效率。

3. 燃氣輪機出口的高溫燃氣可作為燃料與空氣等回熱與預熱之用，提高系統效率。

4. 固態氧化物燃料電池陰極出口未反應燃料氣體作為燃氣輪機的進口，可以提高燃料利用率。

5. 如果再將燃氣輪機出口高溫氣體提供蒸氣渦輪機的蒸汽鍋爐使用，則可進一步提高發電效率。

要點百寶箱

1. 固態氧化物燃料電池是唯一的高壓型燃料電池。
2. 複循環固態氧化物燃料電池系統發可以替代火力電廠。
3. 複循環電廠的發電效率可達到 60%。

燃料電池／氣輪機複循環發電系統

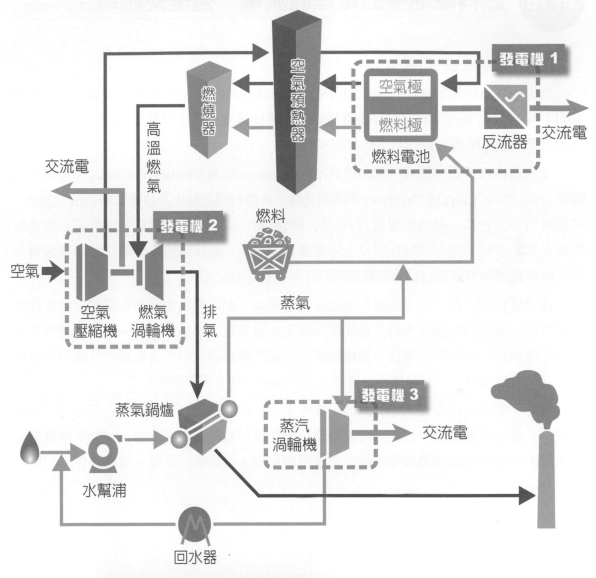

空氣預熱器

燃燒器

發電機 1

空氣極

燃料極

反流器

交流電

燃料電池

高溫燃氣

交流電

發電機 2

燃料

空氣

空氣壓縮機

燃氣渦輪機

排氣

蒸氣

蒸氣鍋爐

發電機 3

蒸汽渦輪機

交流電

水幫浦

回水器

西門子西屋公司的
SOFC/GT複合發電站

6-18 燃料電池發的電是直流電？還是交流電？

　　燃料電池所產生的是直流電。

　　為了因應一般電器使用交流電的需求，需利用逆變器 (inverter) 或稱反流器將燃料電池的直流電轉換成的交流電。反流器將直流電轉換成交流電，變壓器 (converter) 則將輸出電壓作昇壓 / 降壓的動作以供給負載。

　　反流器使用絕緣閘雙載子電晶體 IGBT (Insulated Gate Bipolar Transistor) 與可關斷晶閘管 GTO (Gate Turn Off Thyristor) 等開關元件，將燃料電池輸出的直流電轉換成交流電。其運轉的方式包括一般商用型電力系統的連續運轉，或只供給特定負載所需電力的定電壓與定頻率運轉，還有同時採用以上兩種複合方式。一般採用的運轉模式為連續運轉方式，而單獨運轉方式是當電力系統停電時作為備援電源之用。

　　在運轉控制方面，電力系統在連續運轉下是以一般商用的電壓作為同期信號來控制反流器輸出電壓的振幅與相位，藉此輸出額定的有效電力與無效電力。在獨立運轉下是運用內發訊器作為同期信號源，以維持額定的輸出電壓與頻率，反流器的保護項目包括為直·交流過電壓、直·交流不足電壓、交流過電流與交流頻率異常等。

　　另外，電力系統在連續運轉方面，當停止時，現地用燃料電池必須立即從電力系統中解除，避免單獨運轉。為此，反流器是包含在燃料電池是在系統內，因此引擎發電機等機器依據引擎的迴轉數而固定輸出之電壓與頻率，可提供一般穩定電壓與頻率的電力供給。

要點百寶箱

1. 反流器將燃料電池輸出的直流電轉變為交流電。
2. 變壓器將燃料電池輸出電壓作升壓 / 降壓。
3. 電力調配技術是供給高品質穩定電源的基礎。

燃料電池的反流器

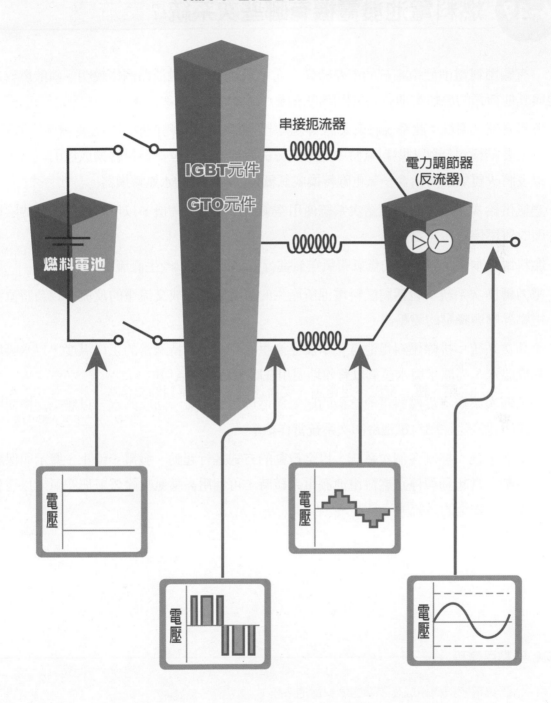

6-19 燃料電池發電機有哪些次系統？

　　有關燃料電池發電系統的主要結構方面，以磷酸燃料電池為例作說明。磷酸燃料電池與其他種類的燃料電池有大致相同的系統，包含以下七個次系統：

1. 燃料處理次系統：此系統將來天然氣與液化石油氣等燃料轉換成燃料電池需要的氫氣。其主要結構包括除去燃料氣體中硫磺成分的脫硫器、將碳氫燃料轉換成氫的改質器，以及將改質氣體內所含一氧化碳轉換成氫氣與二氧化碳的水氣轉換器。

2. 空氣供給次系統：空氣供給次系統使用空氣鼓風機或壓縮機，以供給燃料電池的陰極與改質燃燒器所需之空氣。

3. 燃料電池本體：對供給的氫氣與氧空氣進行電化學反應以產生直流電。

4. 電力轉換次系統：包括將燃料電池所產生的直流電轉換成交流電的反流器以及將直流電壓昇壓與降壓的變壓器。

5. 冷卻次系統：排除燃料電池電化學反應產生的熱，以維持適當的工作溫度，以水吸收熱成溫水、高溫水與水蒸氣以有效地使用在暖氣房與冷氣房內。

6. 水處理次系統：從燃料電池陰極的尾氣與燃燒器的排氣所回收的水，以離子交換樹脂等作淨化後送往燃料電池冷卻次系統當作給水。

7. 控制次系統：控制各個次系統，以全自動的方式進行起動、發電、停止、警示與保護等控制。當起動與停止燃料電池發電系統時，可利用高壓氮吹除燃氣與空氣，以達到高效率且安全的系統。

要點百寶箱

1. 七個次系統架構組成高效率的燃料電池系統。
2. 燃料處理次系統決定了燃料的多樣化。
3. 控制次系統利用程序控制作起動與停止動作。

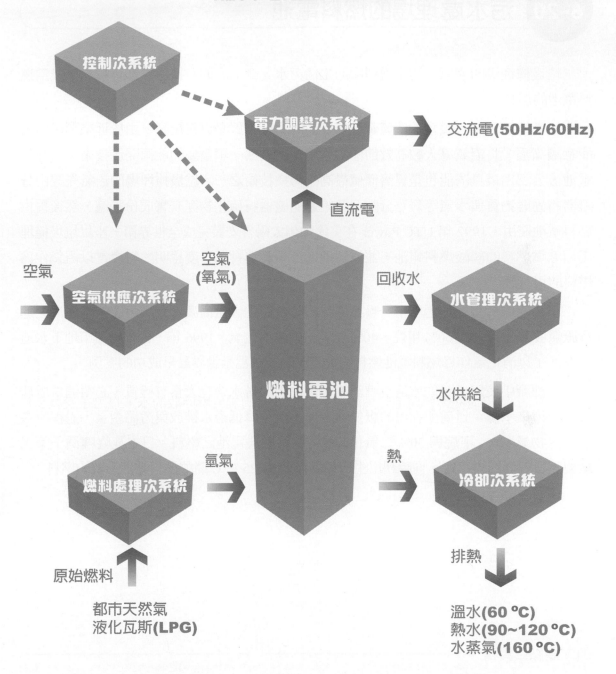

燃料電池的次系統

控制次系統

電力調變次系統 → 交流電(50Hz/60Hz)

直流電

空氣 → 空氣供應次系統 → 空氣(氧氣) → 燃料電池 → 回收水 → 水管理次系統

水供給

燃料處理次系統 → 氫氣 → 熱 → 冷卻次系統

原始燃料

都市天然氣
液化瓦斯(LPG)

排熱

溫水(60 ℃)
熱水(90~120 ℃)
水蒸氣(160 ℃)

6-20 污水處理場的燃料電池

　　垃圾掩埋場的沼氣、污水處理廠的生活污水、食品廠的有機廢水都可以加工成為燃料電池的燃料。

　　垃圾掩埋場擁有豐富的沼氣資源，目前的處理方式是直接燒掉。由於近來環保與省能意識高漲，將沼氣導入較高效節淨的利用，已成為一項重要的能源開發技術，而燃料電池被公認為最具潛能也是經濟價值最高的轉換技術之一。垃圾掩埋場的沼氣先經由分離器將固態物質與水氣等雜質分離，並經過過濾器將硫化物等有害成份過濾，然後提供燃料電池使用。1992 年 UTC Power 在美國加州太陽谷安裝完成全世界第一座以垃圾掩埋場沼氣為燃料的磷酸燃料電池，並成功地進行示範運轉，首度證明燃料發電以沼氣作為燃料的可行性。

　　下水道的污水處理過程中，曝氣與沈澱時會產生大量高濃度有機污泥，這些污泥進行厭氣發酵得到大約 60% 甲烷、40% 二氧化碳的消化氣。1996 年，日本橫濱市地下水道局進行了以消化氣作為燃料電池燃料的實證試驗，成為全世界最早成功的案例。

　　啤酒廠中使用大量的水清洗啤酒槽，清洗後的排水含有大量有機質，必須適當處理否則會污染水源。目前所採用的厭氣性處理不僅可降低廢水排放與污泥產量，過程所產生的生物氣 (70% 甲烷與 30% 二氧化碳) 可作為燃料電池之燃料。日本札幌啤酒千葉工廠與朝日啤酒四國工廠，同時利用生物氣體作為 PC25 ™ C 磷酸燃料電池系統的燃料。

 要點百寶箱

1. 污水處理廠中生物氣的主要成分為甲烷。
2. 生物氣是燃料電池重要燃料之一。
3. 磷酸燃料電池可提供污水處理廠之熱能及電力所需。

汙水處理廠的燃料電池

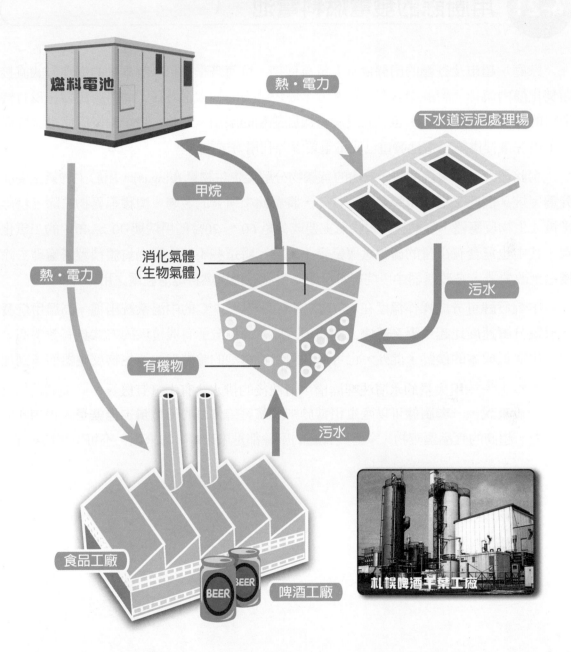

燃料電池

熱・電力

下水道污泥處理場

甲烷

消化氣體
（生物氣體）

熱・電力

污水

有機物

污水

食品工廠

BEER
BEER

啤酒工廠

札幌啤酒千葉工廠

6-21 用廚餘的發電燃料電池

　　家庭、超市及餐廳的廚餘含有大量有機物，目前幾乎都是以廢棄物的處理方式直接在焚化爐內燒掉。廚餘中含有大量水分，燃燒時需消耗大量燃料，而將廚餘轉化為有機肥料的資源化處理方式，也受到農產有機肥飽和的限制。因此，將廚餘攪碎使之發酵而取出甲烷後提供燃料電池發電已成為重要資源利用方式之一。

　　廚餘發酵是以甲烷菌將廚餘內的有機物分解產生生物氣 (biogas)，由於生物氣主要成分為甲烷，因此又稱作甲烷發酵。首先，將廚餘中所含的金屬、塑膠等異物去除，粉碎後投入生物反應器，反應後的生物氣主要成分是 60 ～ 70% 的甲烷與 30 ～ 40% 的二氧化碳，其中也還含有少量的硫化氫與氨等不純物，將這些不純物經過氣體精製塔處理去除後送至改質器，在改質器中甲烷與水反應產生氫氣提供燃料電池發電之用。

　　甲烷發酵可分成操作溫度在 55℃ 的高溫系統與 37℃ 的中溫系統兩種。高溫甲烷發酵系統分解速度比起中溫系統快上兩倍，因此，高溫分解有機垃圾的方式具有效率高、緻密化與低成本的優點，此外，也可以利用燃料電池的餘熱來加溫生物反應器而達到加速反應與節能效果。

　　一般來說，一噸廚餘可以產生相當於一般家庭二個月的用電量，也就是大約 580 度的電力。超商的食品廢棄物、家庭與餐廳的廚餘都是未來電力的來源，不可不審慎規劃。

 要點百寶箱

1. 廚餘的回收利用是邁入永續社會的重要步驟。
2. 廢棄物的再資源化－垃圾，經發酵處理得到甲烷可供燃料電池使用。
3. 廚餘結合燃料電池是不會產生戴奧辛的環保發電系統。

利用廚餘發電的燃料電池

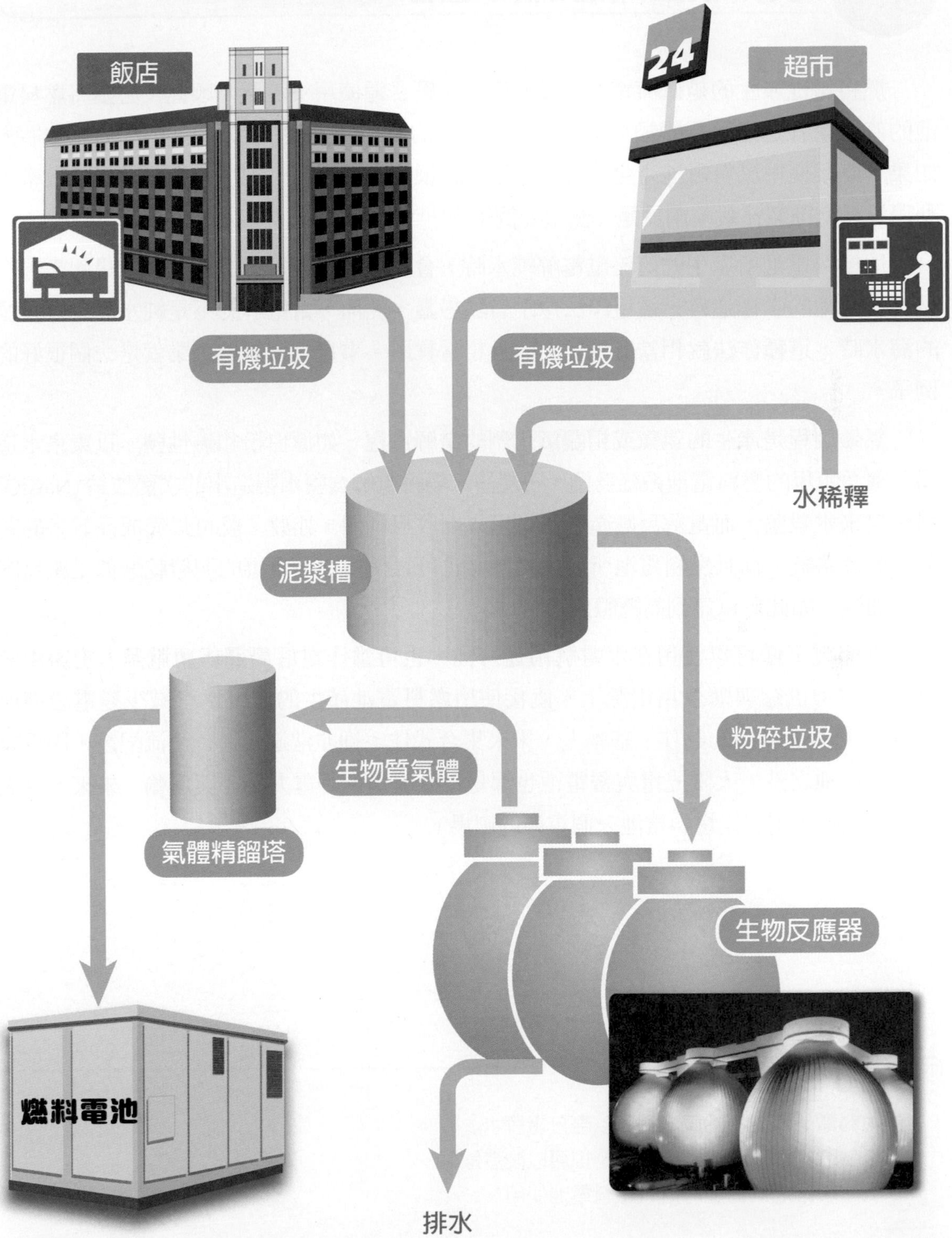

飯店

24 超市

有機垃圾

有機垃圾

水稀釋

泥漿槽

生物質氣體

粉碎垃圾

氣體精餾塔

生物反應器

燃料電池

排水

6-22 製作殺菌劑的燃料電池

　　燃料電池產生的是直流電，一般家庭與工廠普遍使用交流電，因此，必須將燃料電池的直流電經過逆變器轉換成交流電，反流器的電力轉換效率大約在 90 ～ 95% 左右。如果，直接使用燃料電池產生的直流電而不轉換成交流電時，則可以得到較高的效率，利用燃料電池製作殺菌劑就是一個重要例子。

　　用燃料電池所產生的直流電電解純水時，會產生氫氣與氧氣，而氫氣收集起來再作為燃料電池的陽極進料，這種作法似乎有點愚蠢。然而，當電解的不是純水而是含有鹽的海水時，這種作法就相當有創意，而且相當實用。事實上，氯鹼工業就是一個很好的例子。

　　氯鹼製程是產生的氯氣或相關氧化劑的電解過程，如漂白粉和鹼性鹽。以東京水道局三園淨水場的燃料電池系統為例，三園淨水場將電解食鹽水製造出的次氯酸鈉 ($NaClO$) 用來自來水殺菌，而電解反應產生氫氣可以回收再利用，如此，就可以完成高效率的殺菌劑製造系統，而且燃料電池所產生的餘熱也可以使用在淨水場的泥漿乾燥與工廠反應槽的加溫，如此可以達到高總體效率。

　　直流電不僅可以使用在水電解用途方面，也可當作電信局通信用電源、工廠中直流馬達電力供給與緊急用電源上。直接使用燃料電池產生的直流電可減少變電設備與 AC/DC 交直流轉換的動作。基本上，未來集合式住宅裡非常適合進行直流配電，因為除了燃料電池之外，太陽光電與蓄電池也都是以直流電進行電力儲存與運輸。未來，直流電的領域的應用將是燃料電池一個重要的市場。

要點百寶箱

1. 燃料電池所產生的直流電可以直接電解水。
2. 氯鹼製程除了製造漂白水外，也可以製造氫氣。
3. 氯鹼製程之副產氫可提供燃料電池使用。

製作殺菌劑的燃料電池

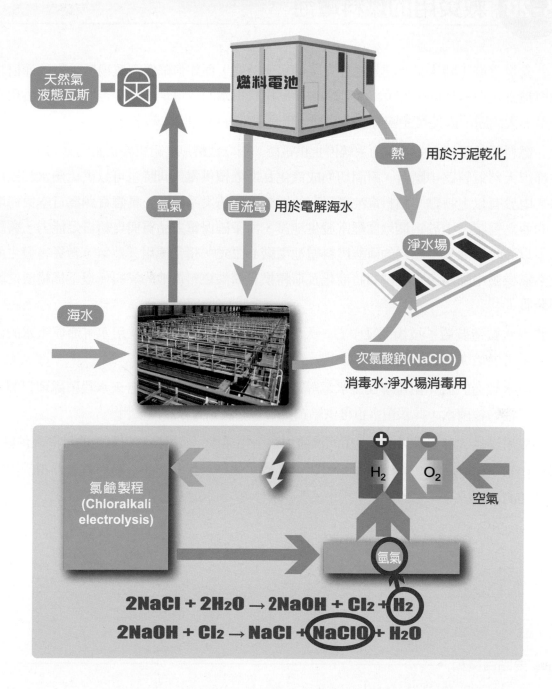

天然氣
液態瓦斯

燃料電池

熱 用於汙泥乾化

氫氣

直流電 用於電解海水

淨水場

海水

次氯酸鈉(NaClO)

消毒水-淨水場消毒用

氯鹼製程
(Chloralkali
electrolysis)

H₂ O₂

空氣

氫氣

$2NaCl + 2H_2O \rightarrow 2NaOH + Cl_2 + H_2$

$2NaOH + Cl_2 \rightarrow NaCl + NaClO + H_2O$

6-23 救災用的燃料電池

　　當災害發生時人員應迅速地往安全的場所避難，而如何確保避難場所的對外通信設備與糧食是很重要的。在 921 大地震中，災民飲用水的取得是極其辛苦的，而淋浴用水也是一大問題，因此發生臨時洗澡間裡大排長龍地等待洗澡的窘境。

　　燃料電池可以在主要電力系統停止供電時，獨立運轉以供給主要負載的電力。另外，當都市天然氣管路中斷時，瞬間切換成液化瓦斯繼續供電，同時也可以供給熱水和飲用水。由於有以上特點，燃料電池可以有效地應用在防災系統上，具體實例為日本東海地區的西島醫院，由於這個地區經常發生地震，為了確保電力品質與自給自足能力，醫院採用以液化石油氣為燃料的磷酸燃料電池電廠 PC25C，平常使用天然氣，當災害發生而天然氣供應中斷時，可在瞬間將液化瓦斯轉換為磷酸燃料電池的燃料。以下為構成之附屬裝置：

- 飲用水製造裝置：技術開發中心一天可製造大約 5,000 人分的飲用水，而原生水的儲備量可供給 3 天的份量。
- 殺菌水製造裝置：由電解食鹽水電解製造出的次氯酸鈉用來作自來水殺菌處理以製作連續性的殺菌水，此殺菌水也可供給在災害時的洗手台等設備使用。
- 嬰兒用澡盆 / 淋浴設備：嬰兒用的澡盆與淋浴用溫水可使用自燃料電池的排熱來供給。

　　由以上可知，災害用燃料電池系統是一套可將燃料電池功能全數作有效利用的高附加價值的系統。

🏠 要點百寶箱

1. 燃料電池可以提供防災據點的飲用水。
2. 災害發生時，燃料電池可以確保安全的電源供給。
3. 燃料電池的餘熱可以提供淋浴時的熱水。

救災設備的燃料電池

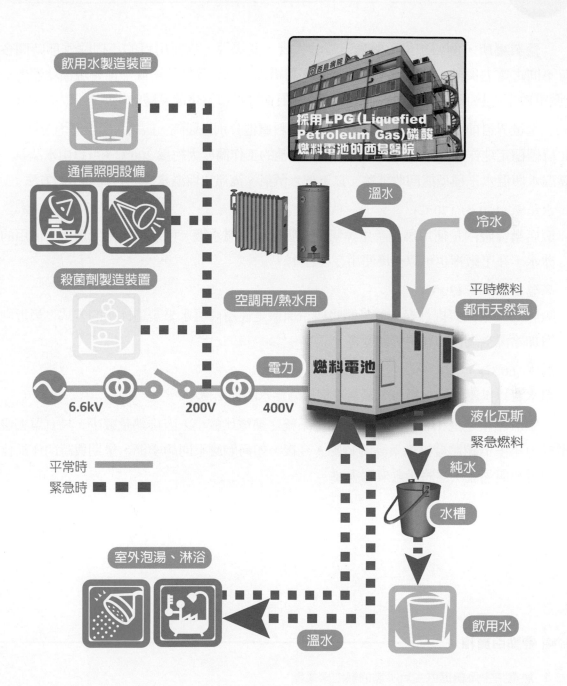

採用LPG (Liquefied Petroleum Gas)磷酸燃料電池的西島醫院

飲用水製造裝置

通信照明設備

殺菌劑製造裝置

溫水

冷水

空調用/熱水用

平時燃料
都市天然氣

電力

燃料電池

6.6kV　　200V　　400V

液化瓦斯
緊急燃料

純水

水槽

平常時
緊急時

室外泡湯、淋浴

溫水

飲用水

6-24 飯店使用的燃料電池熱電共產系統

　　營業場所，例如旅館、醫院、辦公大樓、商場等，以使用目的不同隨季節時間各有不同之電力與熱能之需求。中溫磷酸燃料電池可以有效地利用餘熱而實現高總體效率(發電效率＋熱回收效率)，對於提高環境品質與降低二氧化碳氣體的排放有很大的貢獻。

　　全世界目前已有不同發電容量的磷酸燃料電池分別在醫院、飯店、工廠等地運轉中，並持續穩定地作最適宜的運用。磷酸燃料電池的工作溫度大約為 200℃，可以由水蒸氣、高溫水與溫水三種型態回收排熱。以下依水蒸氣、高溫水與溫水說明各種利用的方法：

· 水蒸氣 (160 ～ 170℃)
　飯店與醫院內是使用燃燒產生蒸氣雙效吸收式冰溫水機，可以提供冷氣房所需使用的冰水，在工廠裡也可以直接使用在製程中。

· 高溫水 (90 ～ 120℃)
　吸收式冷凍機與排熱投入型氣體吸收冷凍機是使用高溫水來製造冰水的方式，最近則增加除濕空調機的利用可供選擇。

· 溫水 (60℃)
　溫水可以供應熱水、淋浴、蒸氣房與鍋爐給水的加熱使用。

　　由於燃料電池相較其他的熱電共生系統之熱電比較小，因排熱量較少，具有單獨發電電力不多但總體發電效率高的特點。今後，如何順應不同的季節、星期與時間作最佳化的電力與熱能供應將是愈來愈重要。

要點百寶箱

1. 熱電共生系統提供生活所需的熱能與電能。
2. 熱電共生系統是最佳化運用的高效率發電。
3. 開發有效利用低溫排熱技術。

熱電共產燃料電池的應用

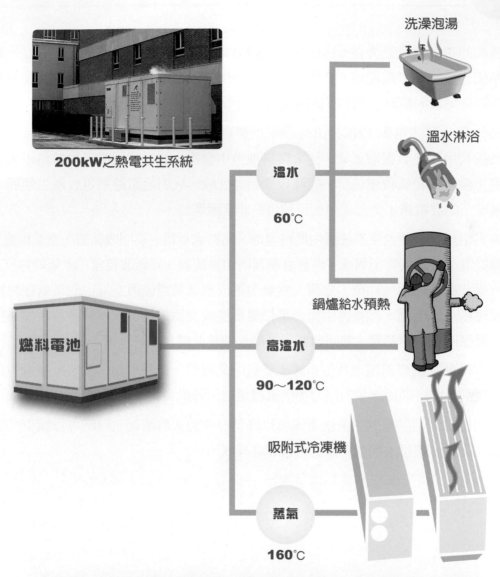

200kW之熱電共生系統

洗澡泡湯

溫水淋浴

溫水
60℃

鍋爐給水預熱

燃料電池

高溫水
90〜120℃

吸附式冷凍機

蒸氣
160℃

熱型態	排熱溫度	用途
溫水	60℃	熱水、暖房、鍋爐給水預熱
溫水+高溫水	60℃/90℃	冷房與吸收式冷凍機組合暖房、鍋爐給水預熱
溫水+蒸氣	60℃/160℃	冷房與吸收式冷凍機組合蒸氣之直接利用、暖房

6-25 家庭用燃料電池熱電共生系統

目前的電力供應是先在偏遠的大型電廠發電後，經由電網送到每一個家庭，家裡電器只要接上插座就可以使用。然而，大型電廠所排放出的大量二氧化碳及長途傳輸電力所造成的耗電量，檢討之聲，不曾斷過。

2009 年，日本推動 ENE-FARM 一家用燃料電池熱電共生系統計畫。這種家用燃料電池系統利用天然氣提取氫氣，注入燃料池池中發電。發電時同時產生餘熱用來燒水，供浴室、廚房、暖氣設備使用，能源效率超過九成。火力發電雖然也會產生熱能，但是對遠離城市的發電廠中的熱能要加以利用是非常困難的。

家庭用燃料電池共生系統係由燃料電池、燃料處理器、熱回收裝置、空氣供應裝置、電力調控器、熱水槽等所構成。燃料處理器則由去硫器、蒸氣改質器、水氣轉移反應器、以及一氧化碳去除器所組成，它將天然氣改質成富氫氣體後與空氣中的氧氣在燃料電池堆內反應產生直流電，然後再由電力調控器變換成交流電提供家裡的電器設備使用。燃料電池反應所產生的熱藉由熱回收裝置將冷水加熱並儲存在熱水槽。

日本推動家用燃料電池共生系統主要目的是取代一般熱水器，住家所使需的熱水可以全部提供，同時間所產生的電力提供家裡使用以降低尖載需求。

家用燃料電池熱電共生系統不僅可以降低一次能源的消耗，同時可以減少二氧化碳的排放，此外，亦可大幅減少氮氧化物等之排放。

 要點百寶箱

1. 燃料電池組合熱水儲槽將熱作有效利用。
2. 家庭用熱電共生型燃料電池對省能有卓越貢獻。
3. 家用燃料電池可以減少溫室氣體的排放。

家用燃料電池系統的架構

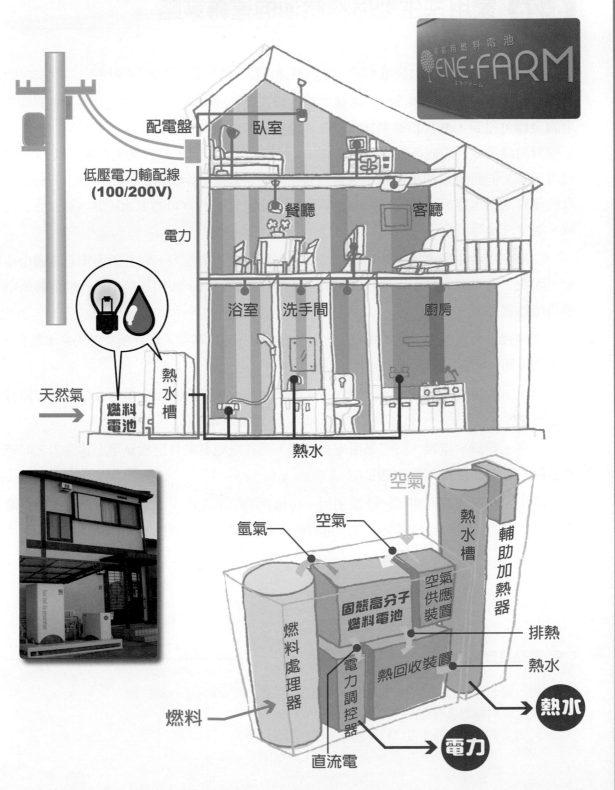

ENE·FARM

配電盤

臥室

低壓電力輸配線
(100/200V)

電力

餐廳

客廳

天然氣

燃料
電池

熱
水
槽

浴室　洗手間　　廚房

熱水

空氣

氫氣　空氣

熱
水
槽

輔
助
加
熱
器

固態高分子
燃料電池

空氣
供應
裝置

排熱

熱水

燃
料
處
理
器

電
力
調
控
器

熱回收裝置

熱水

燃料

直流電

電力

6-26 家用共生型燃料電池的運轉策略

與太陽能發電和風力發電不同，燃料電池可以由使用者來控制其運用。

以日本家庭為例，平均每戶之基本電力需求大約為 1kW，當微波爐、吹風機同時使用的尖峰可達到 5kW，但時間並不長，而且家庭尖峰時間大多為電廠的離峰時間，而為了短暫尖峰用電而設置多餘的發電設備並不划算，因此，日本政府便大力開發以 1kW 級發電容量，同時可以利用餘熱之家庭用共生型燃料電池，作為同時供電與熱水的機器以取代舊有的熱水器。此共生型系統的排熱可以製造出大約 60°C 的溫水，非常適合廚房洗滌、浴室洗澡等用途。

由於家用共生型燃料電池系統無法單獨供應家庭所需電力，它必須與現有電網相結合，因此，與電網的整合程度，攸關能源效率與生活舒適，如何找尋出最佳的運轉策略顯得格外重要。

在深夜，大家都也已經熟睡時，也是燃料電池休息的時候，家裡所需要的基本電力，例如電冰箱，由電力公司提供。

早上，大家陸續起床活動，燃料電池開始運轉並儘量追隨家庭電力需求運轉，同時產生熱水。

下午，空調、電視、照明等用電量增加，燃料電池發電量仍能滿足上述需求，同時將多餘的熱水儲存起來晚上使用。

晚上，全家人都回來了，陸續使用下午儲存的熱水洗澡，不足的部分持續由燃料電池提供，電力不足的部分則用電力公司的電補足，由於是離峰時間，電價較為便宜。

要點百寶箱

1. 燃料電池供電可由使用者來控制，太陽光電與風力發電則不行。
2. 家用燃料電池可同時提供電力與熱水。
3. 同時提供電力與熱水讓燃料電池的總體效率達到最高。

家用燃料電池系統的運行策略

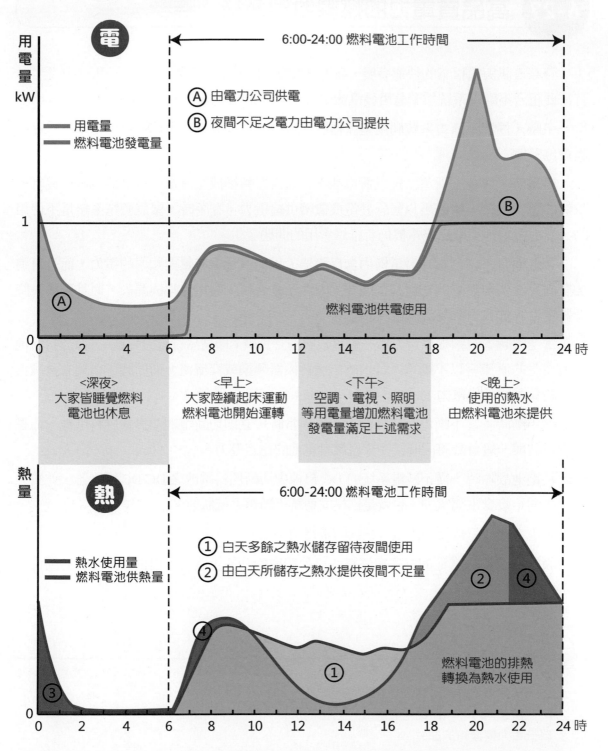

用電量 kW

6:00-24:00 燃料電池工作時間

Ⓐ 由電力公司供電
Ⓑ 夜間不足之電力由電力公司提供

— 用電量
— 燃料電池發電量

燃料電池供電使用

<深夜>
大家皆睡覺燃料
電池也休息

<早上>
大家陸續起床運動
燃料電池開始運轉

<下午>
空調、電視、照明
等用電量增加燃料電池
發電量滿足上述需求

<晚上>
使用的熱水
由燃料電池來提供

熱量

6:00-24:00 燃料電池工作時間

① 白天多餘之熱水儲存留待夜間使用
② 由白天所儲存之熱水提供夜間不足量

— 熱水使用量
— 燃料電池供熱量

燃料電池的排熱
轉換為熱水使用

6-27 高品質電力的燃料電池系統

隨著資訊與電信業的快速發展,高可靠度電力的需求與日驟增,為了因應實際需求,有需要組合不斷電系統與緊急用發電機組形成高信賴度電源系統。

平時,傳統不斷電系統利用整流器將交流電轉換成直流電,為蓄電池充電,以保持高電位狀態。

停電時,傳統不斷電系統以蓄電池經由反流器轉換成交流電直接供給負載。進行短時間的電力供給,接著再以緊急發電機繼續供給電力。在平時,緊急發電系統是不使用的,然而蓄電池與緊急發電機仍有維修費用的問題發生。

相較而言,燃料電池發電機內含反流器,以提供穩定電壓與頻率的電力,而且可追加雙向反流器與無瞬間切斷替換開關,因此,會有較少的電力轉換漏失,而且可構築降低蓄電池容量的不斷電系統融合系統。

- 正常運轉時:電網提供電力給一般負載與獨立負載(即高品質電力負載),而燃料電池所產生的直流電以不斷電系統內的二個轉換器轉換成交流電,而同時作為獨立負載與一般負載的備用電力。

- 電網中斷時:當不斷電系統檢測出系統異常時,立即切斷電網並導通燃料電池,而獨立負載與一般負載將同時接受來自燃料電池的穩定電力。

- 燃料電池故障時:從不斷電系統的 DC 母線中切斷燃料電池之 DC/DC 變壓器,並獨立負載開始接受電網電力,也就是恢復成傳統不斷電系統狀態。

- 不斷電系統故障時:不斷電系統內的蓄電池供給獨立負載所需電力。

設置數個燃料電池的方式與燃料作自動切換的功能設置將可提供更高層次的高信賴度電力供給。

要點百寶箱

1. 燃料電池有利於不斷電電源功能的構築。
2. 降低蓄電池、非常時期用發電機的上限成本。
3. 降低電力轉換時的漏失。

高品質電力的燃料電池系統

傳統不斷電系統

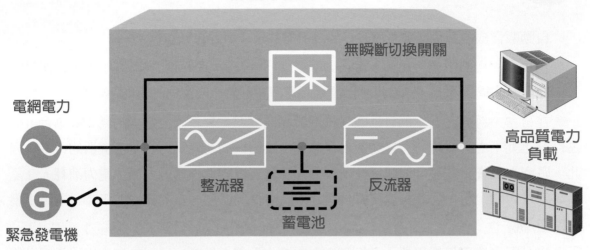

高可靠度之燃料電池不斷電系統

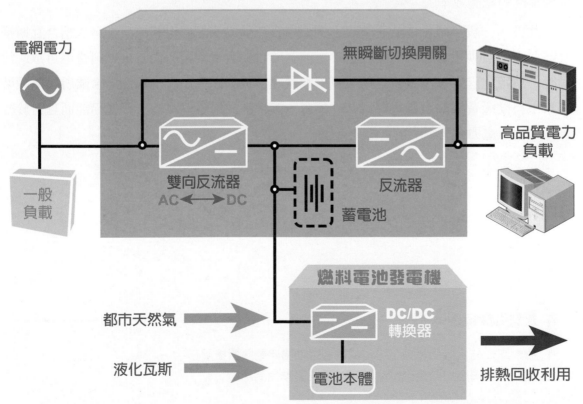

6-28 冷熱飲自動販賣機的燃料電池

自動販賣機已經是民眾生活的一部分，尤其是在鄰近的日本。

以日本的自動販賣機為例，當自動販賣機同時進行冷卻與加熱罐裝飲料，每個月的平均耗電量約為 250 度，二台自動販賣機耗電率相當於一般家庭的平均消耗電率。

在日本，百分之五十的自動販賣機販賣罐裝飲料，其設置總數大約為 550 萬台，約占百分之九十之消費電力。自動販賣機冷卻用壓縮機的消耗電力占全部機器的一半，因此，研究人員嘗試開發一體式反流器與外部加熱方式以進行省能並減少電力消耗。在夏天離峰電力的上午，將飲料溫度降低至比平時更低的溫度，在尖峰的下午時，則停止壓縮機的運轉。

自動販賣機可以採用質子交換膜燃料電池作為電力供應，適用於家庭用 1 仟瓦級的消費電力，所產生的電力是用在冷卻，而排出 60℃ 熱水作飲料加熱之用，如此便可以達到相當高的總體效率。

此外，一般非電化或偏遠地區，例如學校運動場或高山上的涼亭，可以結合瓦斯桶與燃料電池自動販賣機來提供服務。目前對於自動販賣機廠商而言，燃料電池可以解決節能、無鹵化碳、以及減少自動販賣機數量等三項問題。以日本為例，全國所設置罐裝飲料用自動販賣機的台數大約為 260 萬台，如果都採用燃料電池，不僅節能而且對於紓解夏季尖峰電力會有很大的貢獻。

 要點百寶箱

1. 燃料電池結合液化瓦斯，可以提供偏遠地區自動販賣機服務。
2. 自動販賣機用燃料電池供電，可以解決夏季尖端用電。

搭載燃料電池的自動販賣機

優點：利用排熱的省能效果、可設置在無電力地點、可對應尖峰電力

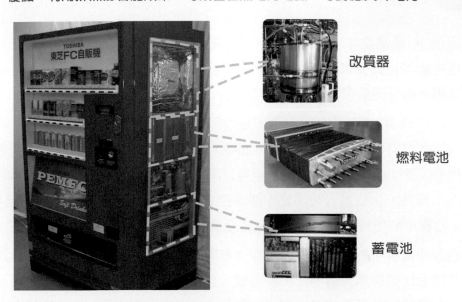

改質器

燃料電池

蓄電池

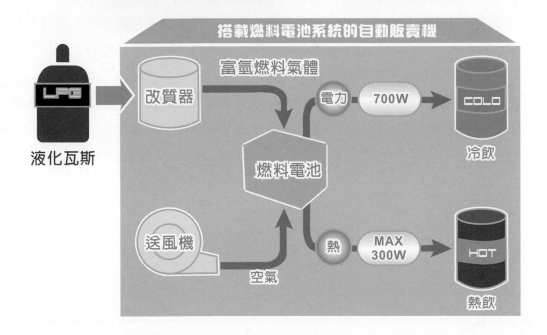

搭載燃料電池系統的自動販賣機

液化瓦斯 → 改質器 → 富氫燃料氣體 → 燃料電池 → 電力 700W → COLD 冷飲

送風機 → 空氣 → 燃料電池 → 熱 MAX 300W → HOT 熱飲

6-29 延長筆電時間的燃料電池

隨著 3C 產品之多功能化演進，電池電力需求越來越高。小型燃料電池理論上比二次電池更能滿足此要求，因此，燃料電池開發作為手機與筆記型電腦等可攜式電子產品之電源越來越受到重視。

目前作為 3C 產品的燃料電池，是以甲醇作為燃料的質子交換膜燃料電池為主，稱為直接甲醇燃料電池 DMFC。直接甲醇燃料電池因無須先將甲醇改質為氫氣與降低改質氣體中 CO 濃度的觸媒反應器，甚至可以不需要幫浦與熱交換等輔助機器的超小型化燃料電池。另外，也有進行使用比甲醇毒性更低，且容易改質的二甲基乙醚 DME 燃料的研究。直接甲醇燃料電池本身的能源密度很高，可以代替鋰離子與鎳氫之二次電池。

也有將直接甲醇燃料電池開發作汽車用的燃料電池，搭載甲醇改質器的燃料電池汽車在系統上比較複雜，容易受限於重量、容積、效率與起動性方面等問題。由於以氫氣作為普遍燃料的基礎設施尚未完備，將伴隨有處理上的困難，因此期待未來能夠開發出不需要改質器之小型化與簡單化的直接甲醇燃料電池。美國克萊斯勒公司在進行 3kW、功率密度 500W/L 之協合燃料電池電動車的試作，日本汽車研究所 (JARI) 也接受 NEDO 委託進行直接甲醇燃料電池的開發與研究。

直接甲醇燃料電池內部開發了防止甲醇水溶液穿透固態高分子薄膜直接氧化，與在陽極使用甲醇直接氧化的高性能觸媒等。另外，在性能、耐久性與成本等問題仍尚待解決。

要點百寶箱

1. 無須改質器的直接甲醇燃料電池。
2. 直接甲醇燃料電池期待應用作手機的電源。
3. 作超小甲醇匣 (cartridge) 交換以連續使用。

電子產品用的燃料電池

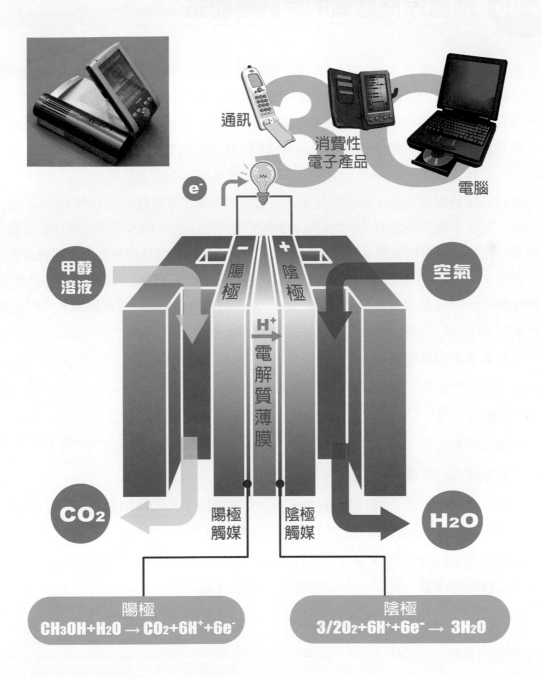

通訊

消費性
電子產品

電腦

e^-

甲醇
溶液

空氣

陽極

陰極

H^+
電解質薄膜

CO_2

陽極觸媒

陰極觸媒

H_2O

陽極
$CH_3OH + H_2O \rightarrow CO_2 + 6H^+ + 6e^-$

陰極
$3/2O_2 + 6H^+ + 6e^- \rightarrow 3H_2O$

6-30 綠氫家庭必備的家庭綠能站

　　經常注意燃料電池車發展的讀者應該都知道，目前發展燃料車電池車所面臨的困境之一，就是加氫站不普及，跟加油站相比可說是九牛一毛，未來即使有燃料電池車的推出，沒有加氫站即使有意願的消費者也會卻步，而建構新的加氫系統將是一筆龐大的經費，如果真能在自家補給同時又兼具發電機能，那麼勢必會引起許多消費者的注意與需求。

　　本田以家庭即發電廠、家庭即加氫站的概念，架構了家庭能源站 HES (Home Energy Station)，基本上就是將燃料電池的技術轉向家庭使用的設計。HES 不僅能供應家用熱水，還能提供燃料電池車的氫氣。初期，HES 以天然氣為燃料，先藉由改質器將轉換成氫氣，同時作為 FCX 與家用靜置型燃料電池的燃料，當燃料電池發電時，所排出的餘熱便可產生家用熱水，HES 最終目標就是滿足一部 FCX 燃料電池車一天所需的動力，同時提供一個家庭所需平均的用電量與熱水。HES 簡單描述如下：

- 從天然氣改質器提取氫氣。
- 燃料電池系統使用部分氫氣提供整個系統動力。
- 純化器純化氫氣。
- 壓縮機為加壓氫氣。
- 高壓儲氫槽儲存氫氣。

　　2003 ～ 2005 年間，本田與 Plug Power 合作共推出了三代的 HES，第三代 HES 生產的氫氣已經足夠裝滿一天的 FCX 燃料電池車所需之動力。

　　現階段的 HES 的能源是來從天然氣，未來的能源將來自於太陽，也就是將灰氫轉為來自再生能源的綠氫，成為一座名副其實的家庭再生能源站。

要點百寶箱

1. 家庭能源站提供電力、熱水燃料電池車的燃料。
2. 初期家庭能源站的能源來自天然氣。
3. 未來家庭能源站能源來自太陽能。

綠能家庭的能源供應站

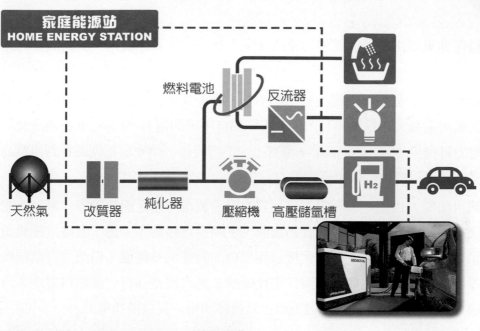

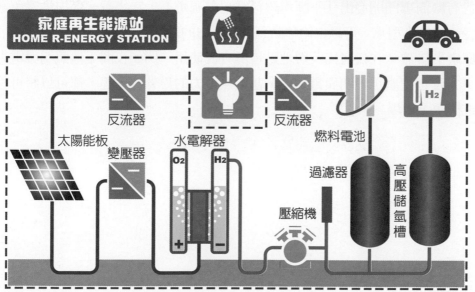

6-31 一部強大的移動式綠色發電機

　　燃料電池車外出時是一部無污染的交通工具，回到家後就是一部高品質的綠色發電機。

　　一般乘客車搭載的燃料電池輸出功率為 100 千瓦，大型巴士則大約為 250 千瓦。一個 5 口之家用電量大約為 5 千瓦，因此，一部自用車的電力可提供 20 戶家庭使用，大型巴士的電力可提供 50 戶家庭使用。事實上，不可能每一個家庭都同時達到用電高峰，因此，此發電量可以提供數倍家庭的電力。

　　台灣目前電力供應吃緊，電力公司經常因備載電力不足而無預警停電，造成生活上許多不便，例如電梯停擺、冰箱食物腐敗、夜間摸黑移動等。為了因應這種無預警臨時停電的頭痛問題，目前許多住宅大樓或商場會加裝柴油發電機，但柴油發電機噪音與排放廢氣問題嚴重，此時，如果一個住宅社區或公寓大樓裡面有一部燃料電池車時，就可派上用場，充一部可移動的綠色發電機，以發揮功用、提供備援電力。

　　目前已有廠商專門開發出「不斷電燃料電池電源車」，它搭載一部提供綠色電力的燃料電池發電機的小型車，可以自由移動到需要電力的地方；「不斷電燃料電池電源車」沒有噪音與廢氣排放，在任何場所與地點皆可方便使用，例如夜間工地照明與電力、夜市照明與電力及祭祀廣場照明與電力等，甚至無電力的戶外野營等，都可以將可移動式的綠色發電機派上用場。

要點百寶箱

1. 燃料電池車是一部移動式的綠色發電機。
2. 燃料電池車是一部「不斷電電源車」。
3. 燃料電池車巴士的電力可提供 50 戶家庭使用。

移動式的綠色發電機

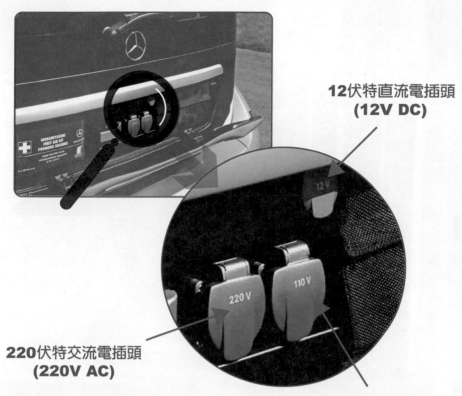

12伏特直流電插頭
(12V DC)

220伏特交流電插頭
(220V AC)

110伏特交流電插頭
(110V AC)

戶外野營的發電機

遠離塵囂家園的發電機

Chapter

07

綠能電動車

    1950 年代以後，各式各樣的替代能源車不斷地推出，例如太陽能車、瓦斯車、酒精車、純電動車、燃料電池車等。太陽能車功率低、價格昂貴；瓦斯車充氣時間長，續航力差，加氣站缺乏；酒精車引發糧慌問題。目前真正能夠取代汽車的只有兩款車，也就是鋰離子電池電動車與燃料電池車。

    一旦燃料電池車全面使用綠氫為燃料，不啻為唯一一款綠能電動車。

7-1 從馬車到氫車

在蒸汽機發明之前，馬車是人們在陸地上主要的運輸工具，一直持續了數千年。

1769 年，法國軍官庫紐 (Nicolas-Joseph Cugnot) 製造出全世界第一輛實用的三輪蒸汽車；1885 年，德國人朋馳 (Karl Benz) 開發出全世界上第一台汽油內燃機三輪車，由於使用汽油作燃料，所以人們叫它「汽車」。

自此之後，汽車主宰了道路，但對於汽車排放所造成的空氣汙染，引發關注，而溫室效應與能源安全問題更加深了人們的疑慮，於是，1950 年代以後，各式各樣替代能源車輛不斷地推出，例如太陽能車、瓦斯車、酒精車、電動車，但是，直到今天都還沒有一部能夠真正取代汽車。

太陽能車功率低、價格昂貴，目前只能停留在學術競賽圈子中；瓦斯車充氣時間長，續航力差，加氣站缺乏；酒精車就是生質乙醇車，不僅引發糧慌，也無法完全解決溫室氣體排放的問題；近年電動車技術進步快速，已逐漸實現商業化，然而電池充電的電力仍主要來自火力電廠，無法成為綠能車。

1968 年通用汽車 GM 推出了採用燃料電池為動力的原型車「GM Electrovan」，之後，沈寂了近三十年。1994 年賓士推出燃料電池原型車 NECAR，之後二十年，全球主要車廠已陸續推出十幾款的燃料電池原型車，另外，也有不少車廠著眼於燃料電池在巴士與機車的應用。一直到了 2014 年底，豐田才正式販售燃料電池車 Mirai 給一般消費者。

吃汽油的內燃機引擎車我們稱之為「汽車」，那吃氫氣的燃料電池車我們不妨就稱之為「氫車」吧，而一旦吃起綠氫，當然就是綠能電動車！

要點百寶箱

1. 太陽能車、瓦斯車、酒精車無法取代汽車。
2. 吃綠氫的燃料電池是當之無愧的綠能電動車。
3. 綠能電動車完全解決溫室氣體排放的問題。

馬車 vs. 氫車

氫車(Fuel Cell Power)

汽車(Engine Power)

馬車(Horse Power)

資料來源：通用汽車

第一輛三輪蒸汽汽車（庫紐）

第一輛汽車（賓士）

馬車

汽車

酒精車

電動車

瓦斯車

太陽能車

FCV

氫車 ＝ 終極環保車

7-2 燃料電池車還要多久商業化？

　　燃料電池車真正商業化還要多久？這個問題的答案或許可以從歷史上幾個新能源發展的例子看出端倪。

　　新能源技術發展過程中，從第一個應用例子出現到真正商業化之間存在有一個時間落差。

- 光伏電池：1958 年，光伏電池首度成為先鋒一號人造衛星的動力，1983 年，美國加州建造了一座 6MW 的光伏電廠。從第一個應用例到商業化光伏電池大約歷經 30 年的時間。

- 氣輪機電廠：1903 年，挪威科學家埃林製造出全世界第一個氣輪機，而 1937 年開發出第一個真正能夠工作的發動機。直到 1980 年代初期，氣輪機發電機才足以提供穩定的電力而被廣泛地應用。從第一個應用例到廣泛商業化，氣輪機發電技術花了近 40 年的時間。

- 核能電廠：相對於氣輪機與光伏電池，核能發電技術的開發時間相當短。1955 年，愛達荷州的 Arco 成為美國第一個由核能提供電力的城鎮，1970 年代末期，全美共計有 70 座核能發電廠進行商業運轉，當時的總發電量超過了燃油電廠的總和。核能電廠僅僅花了 20 年的時間。

- 燃料電池車：1993 年出現第一輛質子交換膜燃料電池車。如果能夠像支持核能發展那樣的投資水準，燃料電池車必然能夠迅速的發展而商業化。如果以豐田 Mirai 作為第一部廣泛商業化的燃料電池車，那麼這個時間僅歷經短短的 22 年。

　　要點百寶箱

1. 燃料電池車的應用到商業化花了二十多年。
2. 豐田 Mirai 是第一部廣泛商業化的燃料電池車。
3. 投資可以加速新能源技術的實踐商業化。

燃料電池車商業化時間

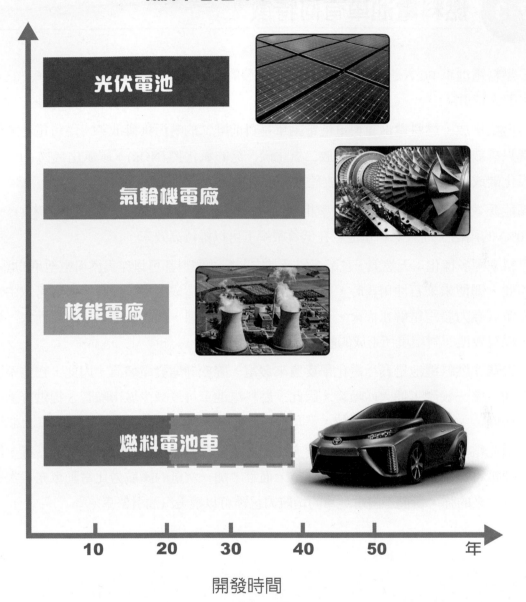

7-3 燃料電池車有何特徵？

　　燃料電池車 FCV 是一部利用燃料電池所發的電驅動馬達來帶動車輪的車子，它具有以下五大特徵：

1. 零污染排放：燃料電池車與電池電動車是目前唯二的零污染排放車。燃料電池車行駛時只排放出水蒸汽，完全不釋放二氧化碳、氮的氧化物 (NOx)、碳氫化合物 (HC)、一氧化碳或 PM2.5，它也會不釋放危害空氣的汙染物，例如苯、醋醛等。

2. 高能源效率：燃料電池車的效率相當高，一般超過 30%，它是汽油引擎效率 (15% ～ 20%) 的兩倍，而且燃料電池車在低負載率下可以維持高效率。

3. 燃料來源多樣化：天然氣、乙醇，以及其它非石油燃料都可以作為燃料電池車的燃料，如此，即便未來石油用盡時，也不會對燃料電池車造成困擾，此時，氫氣可以由太陽光電或風力發電電解水而來，也可以將液態生物燃料，如生物酒精，改質而來，如此可以有效地緩對環境所造成的壓力。

4. 低噪音：燃料電池是藉由電化學反應來發電，屬於靜態發電裝置，因此，它並不會像汽油引擎一般產生惱人的噪音，因此，燃料電池車可以減少城市噪音、提供舒適的生活環境。

5. 無須充電：鋰離子電池電動車需要充電，充電時間相當長。就像汽車加油一樣，燃料電池車可以用很短時間完成充氫作業，而且，加一次氫的續航力比電動車充一次電的續航力來的強，目前燃料電池車的續航力已經可以媲美汽油引擎車。

要點百寶箱

1. 汽車添加汽油，燃料電池車添加氫氣。
2. 燃料電池車唯一排放物是水
3. 燃料電池車不需充電。

燃料電池車的特徵

7-4 燃料電池車與電池電動車有何不同？

　　蓄電池電動車 BEV 具有零排放、行駛安靜平順、行駛成本低 (充電費用)、充電方便的優點，不過它也有行駛里程短、充電時間長、電池壽命短等缺點。

　　蓄電池電動車的發展不是最近的事，早在 1930 年代就有電池電動車出現，但電池技術問題無法解決，加上當時並沒有迫切的環保與能源安全問題，電池電動車的發展便沈寂下來。1990 年代後期加州的零排放汽車 ZEV 的政策，使得電池電動車又一部一部地上市。1996 年通用汽車率先推出了雙座電池電動車 EV1，一時之間，加州汽車市場上充斥著副檔名為 EV 的車子，例如本田 EV-Plus、豐田的 RAV，以及日產的 Altra EV 等。然而，這些電池電動車並未受到市場青睞，主要原因仍是電池性能不佳，即使後來通用汽車採用租賃的行銷策略，企圖彌補消費者的不信任感，前後一共也只賣了幾百輛的 EV1。

　　燃料電池車不需要像電池電動車一樣要事先蓄電，而是持續供氫來產生電，因此，當電力用完時，它是充氫而不是充電，一次充氫時間只需花費幾分鐘，以 Toyota FCV 為例，充氫時間大約 3 分鐘，而 Tesla Model S 鋰離子電池電動車即便使用快速充電也需要一個小時。其次，氫氣充越多可以行走的距離就越長，目前技術燃料電池車續航力已經和汽車不相上下，以 Toyota Mirai 為例，填充一次氫氣足以行駛 700 公里。

　　使用燃料電池作為車輛動力源，不僅效率高，而且困擾傳統電池電動車的行駛航程短、充電時間長、電池壽命短等，在燃料電池車上都不是問題。

 要點百寶箱

1. 燃料電池車是電動車的一種。
2. 燃料電池車與鋰離子電池電動車都是零污染排放車 ZEV。
3. EV 是電動車 (Electrical Vehicle) 的縮寫。

燃料電池車 vs. 電池電動車

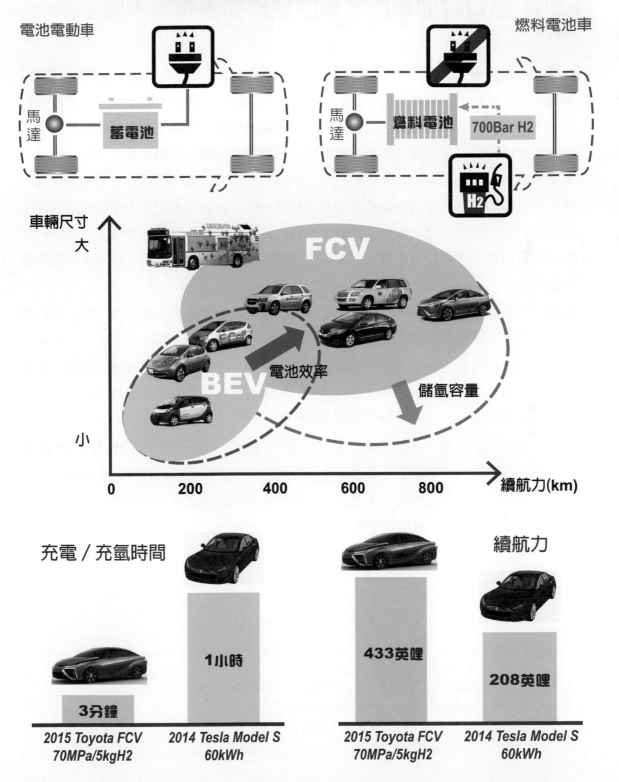

電池電動車

馬達

蓄電池

燃料電池車

馬達

燃料電池

700Bar H2

車輛尺寸

大

FCV

BEV

電池效率

儲氫容量

小

0   200   400   600   800   續航力(km)

充電 / 充氫時間

1小時

3分鐘

2015 Toyota FCV
70MPa/5kgH2

2014 Tesla Model S
60kWh

續航力

433英哩

208英哩

2015 Toyota FCV
70MPa/5kgH2

2014 Tesla Model S
60kWh

7-5 燃料電池車與汽車的燃料來源有何不同？

從油井到車輪的燃料生命週期中，汽車的汽油與燃料電池車的氫氣有幾個不同之處：

1. 來源：汽車吃的汽油是從地底下開採的原油所提煉而成，是由百萬年動植物遺骸所形成的化石燃料、非再生能源，它無法在短期內更新重製，因此它的供應是有限的。燃料電池車吃的是氫氣，氫是宇宙中最簡單、最豐富的元素。燃料電池車所需要的純氫可以來自水、生物質及化石燃料。

2. 製造：汽油的製造乃是先將原油從油井送到煉油廠，然後再用化工方法將原油提煉出汽油，石油一旦用完就無法生產汽油，所有汽車都將停擺。氫氣來源多元，可以從天然氣改質而來，也可以從水電解而來，當製取氫氣需要能量來自再生能源，則對環境之衝擊最小。

3. 添加：汽油運輸到加油站，再用加油泵將汽油打入汽車的油箱。像加油一樣，燃料電池車可以在加氫站添加氫燃料。

4. 反應：汽油在汽缸內燃燒，產生高壓氣體推動引擎，引擎再結合離合器、傳動系統而讓汽車移動。氫氣與氧氣則是在燃料電池內反應產生電，電力再驅動燃料電池車上的馬達讓車子移動。

5. 尾氣：汽車每行駛一公里約排放出 350 公克的二氧化碳，油電混合車則為 245 公克／公里，而燃料電池車的尾氣只有水蒸汽。當製氫的原料來自天然氣時，二氧化碳排放量也只有汽車的一半左右，如果氫氣是來自再生能源，例如用風力發電來電解水製氫，那麼，二氧化碳的排放量幾乎是零。

要點百寶箱

1. 燃料電池車吃氫氣，來源多元，汽車吃汽油，只能來自石油。
2. 燃料電池車進行電化學反應，汽車內燃機是燃燒反應。
3. 燃料電池車的只排水，汽車尾氣含有大量溫室氣體。

燃料電池車 vs. 汽車

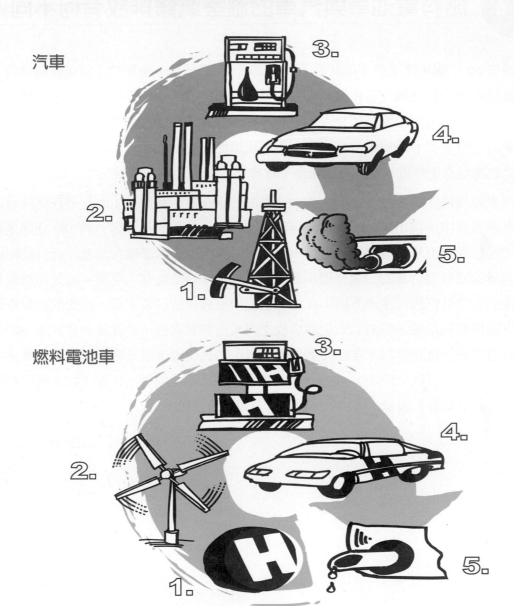

汽車

燃料電池車

7-6　燃料電池車與汽車的溫室氣體排放有何不同？

　　過去 60 年間全球溫度平均升高了 1 ～ 2℃，而造成此一全球暖化與氣候異常的主要原因就是人類大量燃燒化石燃料所排放的溫室氣體，如二氧化碳和甲烷等，累積在大氣層的緣故。根據國際能源總署 IEA 的分析，能源生產與交通運輸幾乎佔了所有二氧化碳排放量的三分之二，燃料電池車提供一個解決這個問題的機會，由於燃料電池發電過程唯一排放物是水，作為車輛動力則完全不會排放二氧化碳。

　　汽車每行駛 1 英里就會排出大約 480 克的二氧化碳，其中有 100 克是在開採石油與提煉汽油過程中所排出來的，這就是所謂的油井到油槍排放量，另外的 380 克則是在汽車行駛過程從在引擎內燃燒汽油所排出來的，又稱作油槍到車輪排放量；而目前市面上較為潔淨的油電混合車的二氧化碳排放量大約在 260 ～ 290 克／英里，這是因為耗油量少的緣故。至於燃料電池車方面，在行駛過程中不會排放二氧化碳，因此油槍到車輪的二氧化碳排放量是零，它的二氧化碳排放主要來自製氫過程，也就是油井到油槍的排放量，整體來說，當氫燃料來自於天然氣改質時，二氧化碳排放量略低於油混合車而遠優於汽車，大約只有汽車的 45% 左右，當氫燃料來自於再生能源，例如生物酒精改質製氫或者風力發電電解水製氫，則二氧化碳的排放量將會更低。

要點百寶箱

1. 溫室氣體造成全球暖化。
2. IEA 是國際能源總署的英文縮寫 International Energy Agency。
3. GHG 是溫室氣體的英文縮寫 Green House Gas。

燃料電池車的溫室氣體排放

全球氣候異常

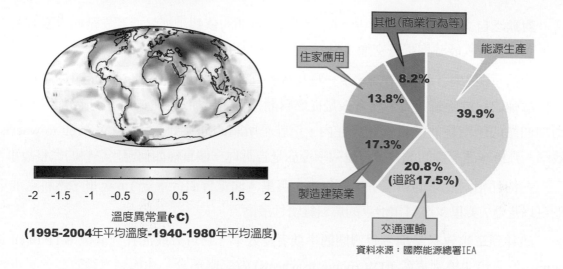

-2　-1.5　-1　-0.5　0　0.5　1　1.5　2
溫度異常量(°C)
(1995-2004年平均溫度**-1940-1980**年平均溫度**)**

二氧化碳排放分布圖

其他(商業行為等)

住家應用　　　　　　能源生產

8.2%

13.8%　　　　　　　39.9%

17.3%

20.8%
(道路17.5%)

製造建築業

交通運輸

資料來源：國際能源總署IEA

不同車輛溫室氣體排放之比較

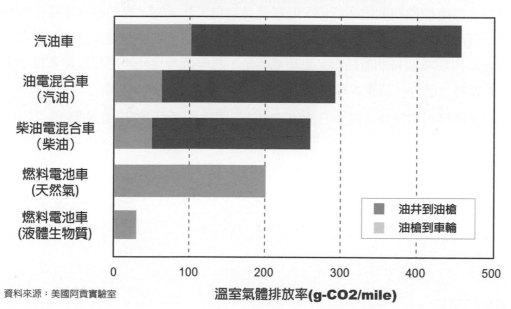

汽油車

油電混合車
（汽油）

柴油電混合車
（柴油）

燃料電池車
（天然氣）

燃料電池車
(液體生物質)

油井到油槍
油槍到車輪

0　　100　　200　　300　　400　　500
溫室氣體排放率(g-CO2/mile)

資料來源：美國阿貢實驗室

7-7 燃料電池車與汽車的效率有何不同？

　　對缺乏自主能源的台灣而言，減少對進口石油的依賴是提昇能源安全的重要方法之一，而尋找替代能源與提升交通工具的能源效率是關鍵所在。

　　評估車輛效率有兩種方法，第一種是燃料經濟性，也就是消耗相同能量的燃料下，比較車輛的行駛距離。第二種方式是從燃料開採就開始加以考慮，包含後續加工、運送到加油站的所消耗的能量都計算在內，這就是所謂的油井到車輪 WTW (well-to-wheels) 效率。分析一部車輛的油井到車輪效率等於是告訴你一個車輛如何應用燃料的完整故事。

　　在消耗相同能量的情況下，汽車走 1 英里，油電會混合車走 1.6 英里，燃料電池車則可以走 2.7 英里；燃料電池車的燃料經濟性最高。

　　油井到車輪效率又稱生命週期翹率或者總效率，它可分成油井到油槍 WTP (well to pump) 效率和油槍到車輪 PTW (pump to wheels) 效率兩部分。油槍到車輪效率就是車輛效率，而油井到油槍效率則是燃料處理效率。

　　以石油為處理燃料的唯一能源，且氫氣是來自天然氣時，燃料電池車僅在燃料處理階段消耗石油，行駛上路就完全不消耗石油。因此，當氫基礎設施完備、燃料電池車普及時則可以大幅降低石油消耗率。更重要的是，氫來源多樣化，它可以從多種清潔能源而來，例如再生能源，清潔煤結合碳捕獲與封存技術等。

　　從汽車到燃料電池車是減少石油依賴、確保國家能源安全的不二法門。

要點百寶箱

1. WTW 油井到車輪效率是總效率。
2. PTW 油槍到車輪效率就是汽車的能耗。
3. 石油價格高漲且影響能源安全。

燃料電池車的效率

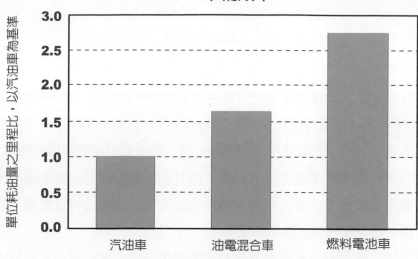

車輛效率

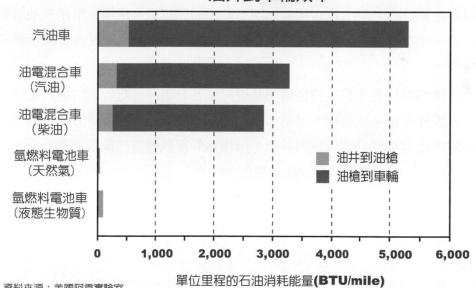

油井到車輪效率

資料來源：美國阿貢實驗室

7-8 燃料電池車可以使用哪些燃料？

哪些燃料可以作為燃料電池車的燃料呢？氫氣、甲醇或汽油？

答案是：都可以。

目前適合車輛使用的燃料電池就只有質子交換膜燃料電池一種。至於所使用的燃料，從 1990 年代至今，除了原本吃氫的燃料電池車之外，先後也出現了吃甲醇與吃汽油的燃料電池車，然而，因此，無論使用什麼燃料，進入燃料電池之前都得轉變成氫氣才行。

吃氫氣的燃料電池車系統架構最簡單，而且性能最好的。一般車輛用氫氣是以高壓方式儲藏於高壓儲氫槽中，或者吸附於特殊合金的容器中，也可以低溫冷卻成液態氫的方式貯儲，甚至也有奈米儲氫概念的應用。

甲醇是液體，能量密度比氫氣高且易於輸送與貯儲。燃料電池車使用甲醇必須同時搭載甲醇改質器。甲醇改質製氫需將甲醇加熱至 300°C 再和水蒸氣反應進行反應。

燃料電池車吃汽油時，現有加油站不需要改裝即可派上用場，但是汽油改質過程相當複雜，它必須在 700 ～ 1,000°C 的高溫下才可以進行，而汽油內許多微量離子都會影響改質觸媒。

以上三種燃料所要求的改質技術與基礎設施各有不同。吃氫氣的燃料電池車不需搭載改質器，因此車輛系統簡單，但是必須新設加氫站；吃汽油或甲醇的燃料電池車雖然可以直接利用現有加油站進行燃料補給，但複雜的車載改質技術限制實用化的發展，目前也只有搭載純氫的燃料電池車實踐商業化。

 要點百寶箱

1. 燃料電池車使用以質子交換膜燃料電池。
2. 純氫是燃料電池車的最佳燃料。
3. 車載改質技術複雜限制燃料電池車實用化。

燃料電池車的燃料

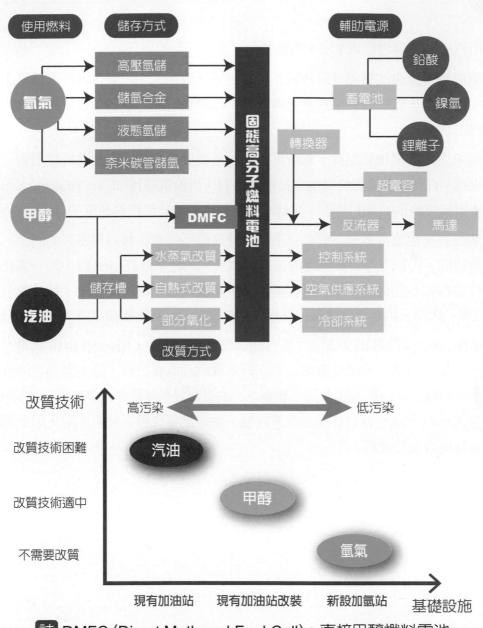

7-9 燃料電池車可以加汽油嗎？

使用汽油的燃料電池車？咦，有點糊塗了！

前面提到，經由改質器可以將碳氫燃料中的氫取出來，如果在燃料電池車上也裝置一個汽油改質器，然後將產生的氫氣供應車上的燃料電池，不就是能使用汽油的燃料電池車了嗎！

在尚未大量建構加氫站前，車廠可以做的事情就是開發從汽油燃料轉型到氫燃料的過渡型車種。GM 在開發燃料電池車初期提出的「銜接策略 (bridging strategy)」，就是在不影響使用氫燃料的長期目標下，先行發展能使用汽油的燃料電池車。

汽油改質反應溫度高達 700°C 以上，如此高溫不僅會有材料與密封的問題，同時會延長起動時間。汽油在 700°C 以上的高溫下改質，氣體中含有 10% 以上的一氧化碳，而無法當作燃料電池的燃料使用。當經過兩次中低溫的水氣轉移反應後，殘留的一氧化碳可降至 1%，然後，再經由選擇氧化反應將富氫燃料的一氧化碳濃度降到 10 ppm 以下。

GM 在 2002 年開發出全球第一部汽油改質燃料電池車 Chevrolet S-10 貨車，也是目前唯一的一部。目前，大部分車廠並不支持車載汽油改質技術，這是因為汽油改質器很難操作、體積龐大、啟動時間太長。基本上，改質裝置應該裝在加氫站而不是裝在車上，既然裝在加氫站，那麼就沒有理由改質汽油，應該是要改質天然氣才對，因為天然氣便宜得多而且更容易於改質。

 要點百寶箱

1. 汽油改質反應須在 800°C以上的高溫下進行。
2. GM 開發改質汽油燃料電池皮卡車。
3. 燃料電池車搭載汽油改質器可行性低。

加汽油的燃料電池車

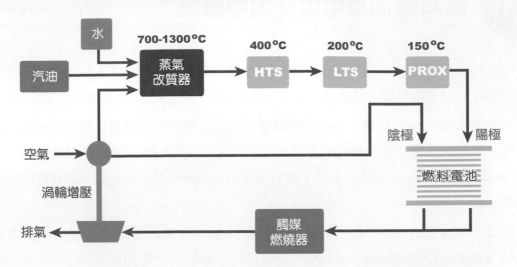

HTS (High Temperature Shift Reactor)：高溫水氣轉移反應器
LTS (Low Temperatuer Shift Reactor)：低溫水氣轉移反應器
PROX (Preferential Oxidation)：選擇性氧化反應器

降低一氧化碳濃度的策略

(1) 水氣轉移反應：$CO+H_2O \rightarrow CO_2+H_2$

(2) 選擇性氧化反應：$2CO+O_2 \rightarrow 2CO_2$

搭載GEN III汽油改質器的小貨車

GEN III汽油改質器

7-10 燃料電池車可以使用甲醇嗎？

　　甲醇的分子式為 CH3OH，它可以利用甲醇改質器將氫分離出來，提供給燃料電池車使用，因此，如果將甲醇改質器裝在車上，不就是使用甲醇的燃料電池車了嗎？

　　甲醇與水蒸氣混合氣體在 300℃ 的溫度下先進行蒸汽甲醇改質反應，然後以水氣轉移反應降低富氫氣體中的一氧化碳濃度，最後再注入少量的空氣進行選擇氧化反應而將一氧化碳降低至 10 ppm 以下。另外，燃料電池的電極觸媒也可使用耐一氧化碳的鉑釕合金觸媒。

　　梅賽德賓士在 1997 年就已經開發出全世界第一部搭載甲醇改質器的燃料電池車 NECA3，而 2000 年所推出的 NECAR5 更定位為全球第一個達到實用階段的改質甲醇燃料電池車。

　　然而，改質甲醇燃料電池車也面臨與改質汽油燃料電池相同問題。甲醇作為燃料電池車之燃料不僅系統成本高、碳排放量多、啟動時間長，而且甲醇具有毒性。況且，就能源轉換過程而言，甲醇製氫並不合理，如果甲醇從天然氣或合成氣所製成時，實在看不出來為什麼要把天然氣先轉化成甲醇，再將其運到另一地點，並在那裡將其改質成氫，而不是直接把天然氣從現有管路運送到氫氣使用點，並在那裡將其改質。而在缺乏天然氣的國家裡，還會有其它多種液體原料，例如重油、甲醚、煤氣、液化石油氣等，也都可以作為分散改質裝置的原料與甲醇競爭，改質甲醇的應用的確有討論的空間。

 要點百寶箱

1. 甲醇的改質反應須在 300℃ 下進行。
2. 梅賽德賓士 NECA3 是第一部搭載甲醇改質器的燃料電池車。
3. 燃料電池車搭載甲醇改質器商業化可能性不高。

加甲醇的燃料電池車

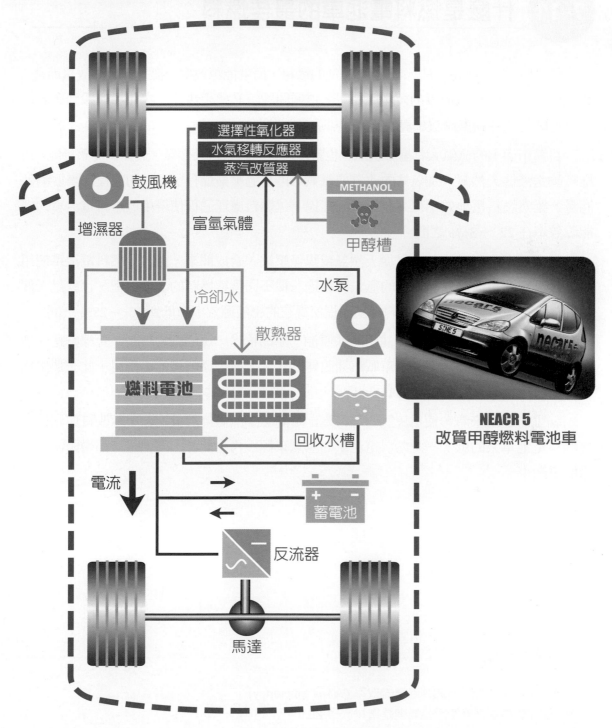

NEACR 5
改質甲醇燃料電池車

7-11 什麼是燃料電池車的最佳燃料？

　　氫、甲醇與汽油都可以作為燃料電池的燃料，而就能源效率與溫室氣體排放量而言，究竟何者才是燃料電池車的最佳燃料呢？這個問題有必要評估從一次能源開採到燃料電池車行駛的油井到車輪效率與溫室氣體排放。

　　目前市面上的氫氣大都屬於灰氫，也就是製氫原料來自天然氣。天然氣從礦場開採、拖車輸送液態天然氣、加氫站內改質成氫氣，再經過壓縮儲存，這一切過程都需要消耗能量，雖然燃料電池效率可高達 50%，經過上述燃料處理過程使得用氫燃料電池車的總能源效率在 22 ～ 36% 之間。

　　工業生產之甲醇大部分是從天然氣或煤氣壓縮、合成而來，因此，燃料電池車使用甲醇為燃料時，進到燃料電池的氫氣將經過三種不同型態燃料的改變過程，也就是天然氣 → 甲醇 → 氫氣，這個複雜的轉換過程使得它的總能源效率降低到 20 ～ 28% 之間。

　　在汽油改質氫氣方面，從油田開採原油、原油輸送、煉油廠的精製、管線輸送、加油至車輛等過程，最後再藉由車載汽油改質器產生氫氣供燃料電池車使用，此一連串過程的總能源效率大約在 24 ～ 31%。

　　就生命週期來看，使用灰氫的燃料電池車的溫室氣體排放量比起甲醇改質與汽油改質燃料電池車來的低。一旦燃料電池車的氫氣來源為再生能源，則就是一部徹頭徹尾的綠能電動車。

 要點百寶箱

1. 總體能源效率俗稱油井到車輪效率 (WTW efficiency)。
2. 燃料電池車直接使用氫氣則是零排放車 ZEV。
3. 氫的來源為再生能源，則燃料電池車就是綠能電動車。

氫氣是燃料電池車的最佳燃料

油井到車輪燃料總體效率評估

一次燃料	燃料開採	燃料製造、輸送、儲存	燃料改質	燃料電池發電	車輛驅動	總體效率

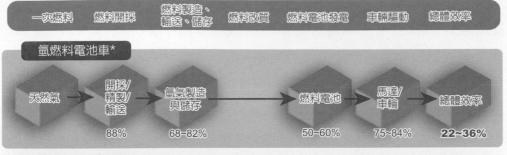

氫燃料電池車*

天然氣 → 開採/精製/輸送 → 氫氣製造與儲存 → 燃料電池 → 馬達/車輪 → 總體效率
　　　　　88%　　　68~82%　　　50~60%　　75~84%　　22~36%

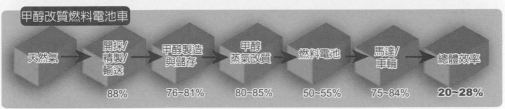

甲醇改質燃料電池車

天然氣 → 開採/精製/輸送 → 甲醇製造與儲存 → 甲醇蒸氣改質 → 燃料電池 → 馬達/車輪 → 總體效率
　　　　　88%　　　76~81%　　80~85%　　50~55%　　75~84%　　20~28%

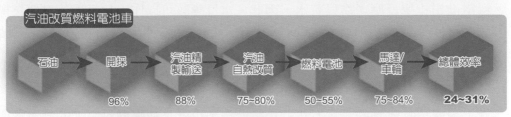

汽油改質燃料電池車

石油 → 開採 → 汽油精製輸送 → 汽油自熱改質 → 燃料電池 → 馬達/車輪 → 總體效率
　　　96%　　88%　　　75~80%　　50~55%　　75~84%　　24~31%

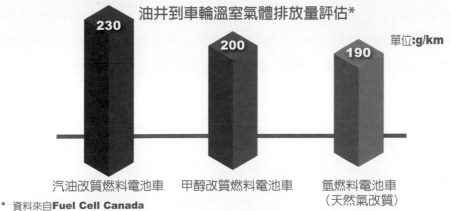

油井到車輪溫室氣體排放量評估*

單位:g/km

- 汽油改質燃料電池車　230
- 甲醇改質燃料電池車　200
- 氫燃料電池車（天然氣改質）　190

* 資料來自Fuel Cell Canada

7-12 一公克氫氣可以跑幾公里？

純電電動車能跑多遠？看電池電量，燃料電池車跑多遠？看儲氫罐的氫量。

當你看到燃料電池車在路上跑的時候，經常會問：「加一次氫氣到底可以跑幾公里」？要回答上面的問題就必須知道要如何檢測燃料電池車的耗氫率。

檢測汽車耗油率的方法有很多，最簡單的方法就是將油箱加滿，然後計算至下一次加油時所行走的距離與所加的油量。這種方法雖然簡單但精確度不佳，並不是正式耗油率的檢測方法。

碳平衡法是目前市面上檢測汽油車與柴油車耗油率技術之一。它是將車輛尾氣所含二氧化碳、一氧化碳及全部碳化氫的所含碳量全部檢測出來，從此碳量與燃料碳量的關係便可以算出車輛的耗油率。

燃料電池電化學反應產物只有水，因此，水量應該可以作為耗氫率的重要指標，然而，空氣中有水分，進入燃料電池的氫氣與空氣必須加濕，而且尾氣水需要回收，所以，以水量作為耗氫指標並不切實際。氫氣管線上加裝氫氣流量計也可以檢測耗氫率，但目前並沒有看過有將車輛改造與加入氫氣流量計的例子。

事實上最簡單耗氫率的測量方法就是電流法，也就是利用燃料電池的發電量與質子移動量相等的原理，也就是電流量等於質子流量、耗氫量，因此，只要檢測外部電路的電流大小，即可知道燃料電池車的即時耗氫率，並不須改裝車輛。目前燃料電池車是普遍以高壓槽儲存氫氣，檢測儲氫槽壓力也是一種可以考慮的量測方法。

 要點百寶箱

1. 電量就是氫量。
2. 電流法量測耗氫率效果最好。
3. 測水量也可以測量耗氫率。

燃料電池車耗氫的計算方法

耗油量：碳平衡法

$$CnHm + xO_2 \rightarrow aCO_2 + bCO + cTHC$$

引擎

空氣

燃料儲槽

尾氣

從汽油引擎尾氣中的二氧化碳、一氧化碳、全碳化氫檢測汽油的消耗量

耗氫量：電流平衡法

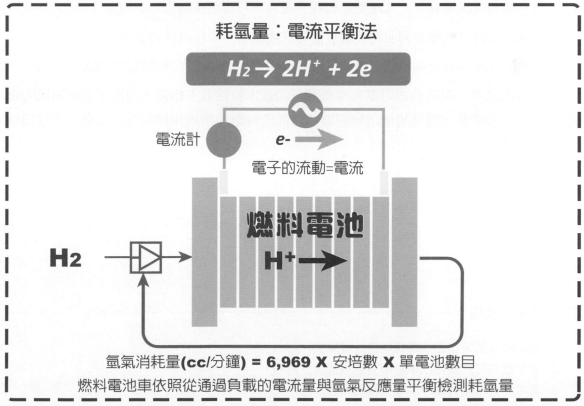

$$H_2 \rightarrow 2H^+ + 2e$$

電流計

e-

電子的流動=電流

燃料電池

H⁺

H₂

氫氣消耗量(cc/分鐘) = 6,969 X 安培數 X 單電池數目

燃料電池車依照從通過負載的電流量與氫氣反應量平衡檢測耗氫量

7-13 燃料電池車就是混合動力車？

考慮氫氣基礎建設的成本，汽油相較於氫燃料而言仍相對便宜，車廠也不見得願意放棄汽油引擎，汽油引擎另外一個重要的續命丸就是混合動力車的出現。

所謂混合動力車，就是一部車子同時有兩個不同的動力源。目前是以內燃機引擎搭配電動馬達為主。冷啟動、低速行駛，內燃機引擎污染嚴重，因此適合以馬達來驅動汽車，到了正常工作溫度、工作轉速，則改用引擎為動力。豐田的 Prius 就是結合汽油引擎與電動馬達兩種不同輸出的混合動力車。

燃料電池車利是用電力驅動馬達帶，著眼於優化車輛操控性並提高能源效率，通常會結合二次電池共同提供馬達所需的電力，換言之，燃料電池車就是以燃料電池取代汽油引擎的混合動力車。一般車輛在低功率下運轉之時機相當頻繁，此時燃料電池效率要比汽油引擎高出許多，因此，使用燃料電池取代汽油引擎可以使得低功率運轉區域的效率大幅提高，加上適切的動力管理策略，可以大幅提燃料電池車之高性能與效率：

1. 起動、加速或爬坡時，二次電池並聯提供電力，可以解決馬力不足現象。

2. 減速或下坡時，將煞車回收動能儲存於二次電池，可以提高能源效率。

3. 可以應付負載劇烈變動特性，例如，怠速時因空調的驅動等升高電力需求。

燃料電池與二次電池的電壓與電流關係的基本特性並不相同，而為了要使兩端的電壓相匹配，通常有一端必須使用變壓器。目前燃料電池車所使用的二次電池主要有鎳氫電池與鋰離子電池兩種。

要點百寶箱

1. 混合電力型燃料電池車性能佳、效率高。
2. 混合電力型燃料電池車有串接式與並接式兩種。
3. 蓄電池與超電容都可以作為輔助電源。

混合動力架構的燃料電池車

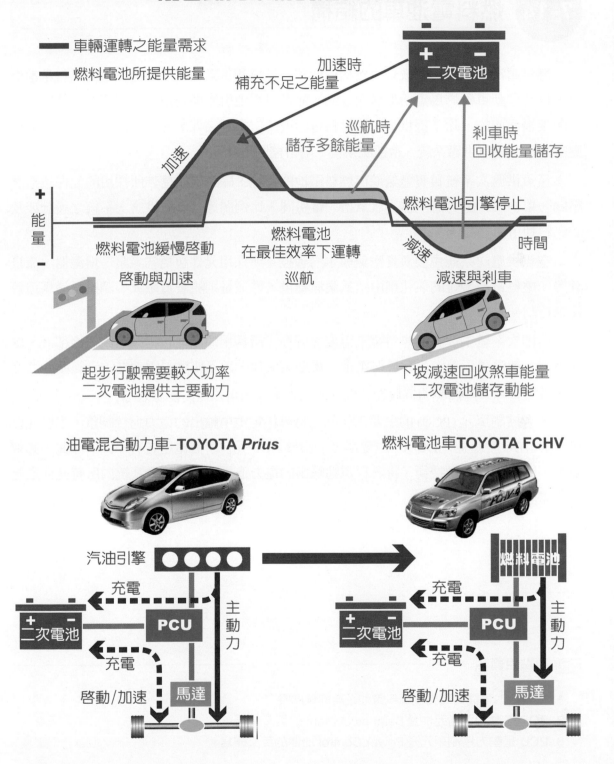

車輛運轉之能量需求
燃料電池所提供能量

加速時
補充不足之能量

巡航時
儲存多餘能量

刹車時
回收能量儲存

二次電池

加速

燃料電池引擎停止

能量
+
−

燃料電池緩慢啟動

燃料電池
在最佳效率下運轉

減速

時間

啟動與加速   巡航   減速與刹車

起步行駛需要較大功率
二次電池提供主要動力

下坡減速回收煞車能量
二次電池儲存動能

油電混合動力車–TOYOTA *Prius*   燃料電池車TOYOTA FCHV

汽油引擎   燃料電池

充電   充電

二次電池   PCU   主動力   二次電池   PCU   主動力

充電   充電

啟動/加速   馬達   啟動/加速   馬達

7-14 燃料電池車的結構

　　燃料電池車的動力系統是由包括一個利用氫氣和氧氣電化學反應發電的燃料電池引擎，以及帶動車輛的馬達所架構而成的。而燃料電池引擎則是由許多不同的元件與次系統所架構而成的，除了提供電力的燃料電池與二次電池之外，主要的次系統包括氫氣供應次系統、空氣供應系統、冷卻次系統、動力控制單元等。

　　氫氣供應次系統負責氫氣進出燃料電池的管控，除了儲氫槽外所採用的元件包括調壓閥、單向閥、壓力感測器、氫氣槽、電磁閥、比例閥等。氫氣供應次系統之設計涉及到燃料利用率之高低。

　　空氣供應次系統主要負責空氣與水的管控，所採用元件包括空氣泵、增濕器、流量計等。燃料電池系統的氧化劑由空氣泵浦提供，進氣量則隨著負載大小調整泵浦馬達轉速來控制。

　　冷卻次系統主要負責燃料電池溫度之管控，所採用的元件包括循環泵、冷卻液、熱交換器，散熱風扇等。熱是燃料電池一重要生成物，為了使燃料電池在一定範圍的溫度內運轉，有必要進行熱的管控。

　　動力控制單元 (PCU) 的主要工作就是將燃料電池所輸出的電力進行調整，主要元件包括 DC/DC 變壓器、DC/AC 逆變器等。由於 BOP 元件所需電壓各有不同，因此，必須使用不同的電力轉換技術，將燃料電池輸出的電力進行調控以符合系統內所有元件之電力所需。

要點百寶箱

1. 燃料電池車需搭載啟動燃料電池系統的輔助電力。
2. BOP 是動力平衡元件是 Balance of Plant 的英文縮寫。
3. PCU 是動力控制單元是 Power Control Unit 的英文縮寫。

燃料電池車的架構

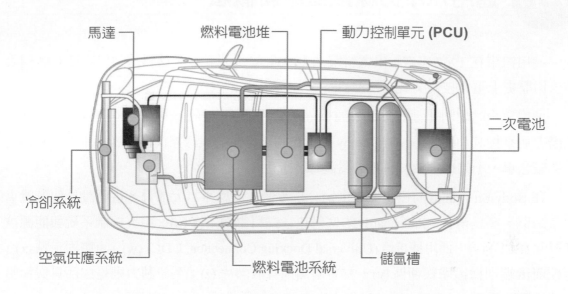

馬達　　燃料電池堆　　動力控制單元 (PCU)

二次電池

冷卻系統

空氣供應系統　　燃料電池系統　　儲氫槽

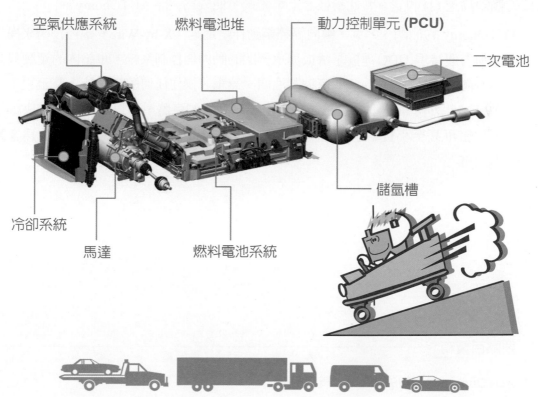

空氣供應系統　　燃料電池堆　　動力控制單元 (PCU)

二次電池

儲氫槽

冷卻系統

馬達　　燃料電池系統

7-15 通用汽車的線控氫車新概念

通用汽車在 1967 年就推出燃料電池車。進入 21 世紀後，燃料電池已經被 GM 列入該公司歷史上重大技術突破之一。

通用汽車的燃料電池概念車 AUTOnomy 所採用 Hy-wire 技術，藉以發揮燃料電池技術潛力並掌握其前瞻性。AUTOnomy 結合燃料電池動力與線控技術的概念車，與其稱爲一部概念車，不如稱之爲一種氫車製造的新概念。

在 Body on Frame 的概念下，車輛分爲車體及底盤車二大部分，這種設計與遊覽車相當類似，名爲滑板 (Skateboard) 的底盤包含燃料電池系統 (u)、中央控制系統與能源控制單元 (ECU) (v)、通用連接埠 (Universal Docking Connection, UDC) (w)、車體固定點 (x)，滑板前後端則爲撞擊緩衝區 (y)，左右兩側則有散熱片 (z)；至於動力則是由四具與輪胎相接的輪轂馬達 ({) 負責。當此滑板套上車體後，便成爲一部 AUTOnomy。

AUTOnomy 的油門、煞車、轉向等控制動作是透過「X-by-Wire」線控技術來操作；國際規格動力連接埠 UDC 連接了滑板與車體間的動力與控制系統。車艙內的駕駛只需一具多功能方向盤總成 X-Drive，即可控制油門、煞車、操作任何配備功能，甚至也不須固定的駕駛座。此外，單一型式的滑板可套上不同型式的車體，可以是房車、雙座跑車、敞篷車、休旅車甚至小貨車等。滑板規格確定後，消費者挑選合意的車體而成爲客製化的燃料電池車。

🏛 要點百寶箱

1. AUTOnomy 是通用的燃料電池概念車。
2. AUTOnomy 所採用 Hy-wire 線控技術。
3. 底盤 Skateboard 是燃料電池系統所在。

通用線控為架構的 AUTOnomy

GM AUTOnomy滑板動力底盤

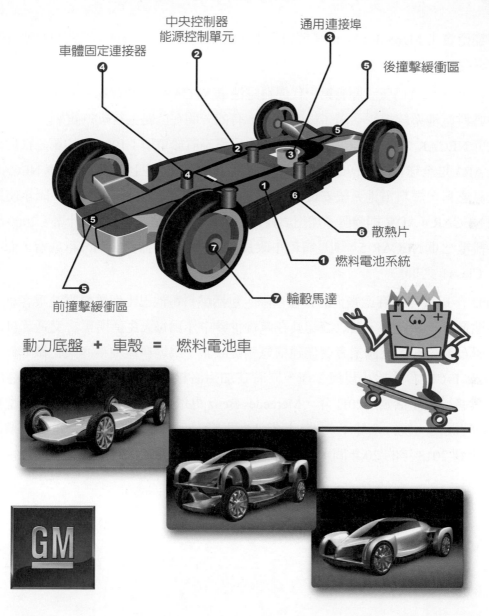

中央控制器
能源控制單元 ❷

通用連接埠 ❸

車體固定連接器 ❹

❺ 後撞擊緩衝區

❷

❸

❺

❹

❶

❻

❻ 散熱片

❶ 燃料電池系統

❺

❼ 輪轂馬達

❺
前撞擊緩衝區

動力底盤 ＋ 車殼 ＝ 燃料電池車

7-16 梅賽德賓士的 NECAR 系列

梅賽德賓士 Mercedes-Benz 是燃料電池車先驅者之一，自 1990 年就開始進行燃料電池車的研發。

1994 年，梅賽德賓士開發第一代燃料電池車 NECAR 1，車體採用賓士 180 客貨車，龐大的燃料電池系統幾乎佔滿了後座空間，有如一間在公路上行駛的實驗室；第二代燃料電池車 NECAR 2 採用 V-Class 車體，高壓儲氫罐置於車頂；1997 年的第三代燃料電池車 NECAR3 是全球首部甲醇改質燃料電池車；1999 年的第四代燃料電池車 NECAR 4 則使用液氫燃料，燃料電池系統安裝在底盤，車內空間足以容納五位乘客。隔年使用高壓氫氣的 NECAR 4 ADV 則參與了加州燃料電池夥伴聯盟 CaFCP 的實證計畫。2000 年的第五代燃料電池車 NECAR 5，則是將縮小改良後的甲醇改質器安裝到汽車底盤，而不影響原本 A-Class 的空間。

2002 年以後，梅賽德賓士的各種車隊，包括燃料電池巴士與燃料電池乘客車，在全世界各地進行示範運行，藉以確認其在真實世界中作為每天生活所需之交通工具之適切性，並與石油公司、能源業者合作建構氫基礎設施，為燃料電池車商業化做準備。2009 年 B-Class F-CELL 開始小規模生產，同時在加州洛杉磯啟動試驗計畫，從顧客中選擇適當人選進行試駕活動。2011 年，Mercedes-Benz 更透過 3 輛 B-Class F-Cell 原型車，在 125 天的時間內，繞行全球 4 大洲、橫跨 14 個國家，證實燃料電池車款的實用價值。自 1994 年起到 2013 年的 20 年間，梅賽德賓士之燃料電池車累計行駛里程超過四百五十萬公里。

要點百寶箱

1. NECAR 是梅賽德賓士的燃料電池車簡稱。
2. NECAR 是 Non-Emission Car 的英文縮寫。
3. 燃料電池車商業化前需示範運行。

梅賽德賓士的 NECAR

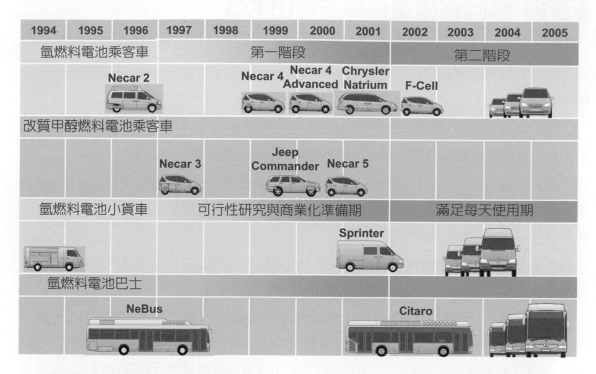

1994	1995	1996	1997	1998	1999	2000	2001	2002	2003	2004	2005
氫燃料電池乘客車				第一階段					第二階段		
		Necar 2			Necar 4	Necar 4 Advanced	Chrysler Natrium	F-Cell			
改質甲醇燃料電池乘客車											
			Necar 3		Jeep Commander	Necar 5					
氫燃料電池小貨車			可行性研究與商業化準備期						滿足每天使用期		
						Sprinter					
氫燃料電池巴士											
	NeBus						Citaro				

2009年小規模生產B-Class F-CELL

2010年客貨車HySYS Sprinter F-CELL

2010年Citaro Fuel Cell Hybrid Bus

7-17 邁向終極環保車的豐田 FCV

燃料電池車是豐田環保車 (Eco-car) 的重要一環，也是被視爲最接近終極環保車的車種。

豐田推動環保車初期著要在於汽油與柴油引擎之改良，同時發展替代燃料引擎。目前則是以推動混合動力技術爲核心，包括油電混合動力車與燃料電池車。

豐田的油電混合動力技術以 Prius 爲代表，它確實具有改善油耗與降低尾氣汙染之效果。最終目標將此混合動力技術與燃料電池整合，成爲燃料電池混合動力車，也就是由燃料電池取代 Prius 之汽油引擎。

一般車輛在低功率運轉時機相當頻繁，此時燃料電池效率要比汽油引擎高出許多，因此，使用燃料電池取代汽油引擎可以使得低功率運轉區域的效率大幅提高。

豐田自 1992 年開始進行燃料電池車之開發，是最早開發燃料電池車的日本車廠。1996 年，發表搭載儲氫合金槽的燃料電池車 FCHV，1997 年發表甲醇改質型燃料電池車，2001 年推出燃料電池巴士 FCHV BUS，在東京市區與國際機場進行實證行駛，2002 年租賃燃料電池車給政府單位與相關能源企業。

經過二十多年的研發，豐田在 2014 年底正式首款量產型燃料電池車 Mirai，售價約 700 萬日圓 (約合新臺幣 200 萬元)，配備一個 114Kw (136 馬力) 輸出功率的燃料電池以及兩個 70MPa 高壓氫罐，充氫時間僅需三分鐘，續航里程可達 482 公里，0 到 100 公里 / 秒的加速時間爲 10 秒。

要點百寶箱

1. Mirai 是豐田首款商業化燃料電池車。
2. FCHV 是 Fuel Cell Hybrid Vehicle 的縮寫。
3. FCHV 是最接近終極環保車的種。

豐田的終極環保車

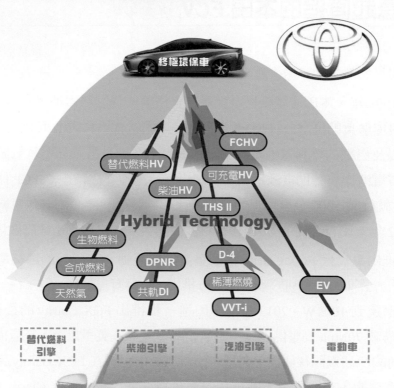

終極環保車

Hybrid Technology

FCHV
替代燃料HV
可充電HV
柴油HV
THS II
生物燃料
D-4
合成燃料
DPNR
稀薄燃燒
EV
天然氣
共軌DI
VVT-i

替代燃料引擎　柴油引擎　汽油引擎　電動車

DPNR (Dissel Particulate and NOx Reduction System)：柴油微粒與NOx減量系統
D-4 (Direct Injection 4-Stroke Gasoline Engine)：直接噴油四衝程汽油引擎
DI (Direct Inject System)：直接噴油系統
FCHV (Fuel Cell Hybrid Vehicle)：燃料電池混合系統
THS (Toyota Hybrid System)：豐田混合系統
VVT-i (Varible Valve Timing-Intelligent)：智慧型可變時閥門

	啟動	常態行駛(巡航)	加速行駛	減速行駛
MIRAI (FCV)	使用二次電池啟動車輛 二次電池提供馬達瞬間動力，讓車輛啟動平順 二次電池 燃料電池 →馬達	僅使用燃料電池巡航 燃料電池單獨提供馬達行駛動力 二次電池 燃料電池 →馬達	燃料電池與二次電池齊用 除了燃料電池外，二次電池提供輔助動力，讓車輛加速有力 二次電池 燃料電池 →馬達	產生再生動力 將煞車動能轉換為電能後儲存於二次電池，燃料電池之電能亦同時儲存於二次電池 二次電池 燃料電池 →馬達
	EV模式行駛		再生動力	EV模式行駛
PRIUS (HV)	使用馬達啟動	馬達與引擎同時啟動		產生大量再生動力
	EV模式行駛	HV模式行駛	再生動力	EV模式行駛

7-18 急起直追的本田 FCV

日本本田是燃料電池車的後起之秀。

一直到 1999 年，本田才發表搭載儲氫合金槽第一代燃料電池車 FCX-V1，燃料電池系統則是使用加拿大巴拉德公司 Mark 系列產品。第二代燃料電池車 FCX-V2 則是搭載甲醇改質器，以及自製的燃料電池堆。第三代 FCX-V3 則是搭載高壓氫氣瓶，並開始使用超電容取代蓄電池作為輔助電源，在加入加州燃料電池夥伴聯盟 CaFCP 僅大約半年的時間，FCX-V3 就行駛 5000 公里以上的行程，比起同時參與開發的其他車廠來說算是成績最好的。2002 年本田首度將 FCX 租售給日本內閣與美國洛杉磯市政府做為公務車。

2008 年推出第二代 FCX Clarity 搭載垂直氣體流動 (V Flow) 的燃料電池堆取代原來的橫向流動的方式，如此有利於水常從下方排出，且具有重量輕、耐寒 (− 30℃) 等優點，最大輸出功率達到 100kW。2013 年，本田進一步推出 FCX Clarity 的後續車款，FCEV Concept，它搭載 70Mpa 高壓儲氫罐，續航距離可達 300 英里以上，充氫僅需 3 分鐘，完全可以與目前的汽油車同樣便捷。此外，還可以配備已經在 FCX Clarity 進行多次實證試驗的外部供電功能，在發生災害時可以由汽車為住宅供電。FCX Clarity 於 2018 年正式商業化販售。

根據本田的調查顯示，在日本許多消費者願意購買氫燃料電池車的價格為一千萬日幣，如果以目前本田燃料電池車成本來看，將可能是消費者預期價格的十倍。為了能夠被大眾消費接受，所以本田將要持續進行降低成本，希望改善氫氣儲存及發展低成本的氫氣。

要點百寶箱

1. 本田 FCX 車是全世界第一部進行商業化粗賃車款車。
2. FCX Clarity 是本田首款商業化的燃料電池車。
3. 商業化燃料電池車必須能夠行駛超過 5000 小時。

本田燃料電池車 FCX

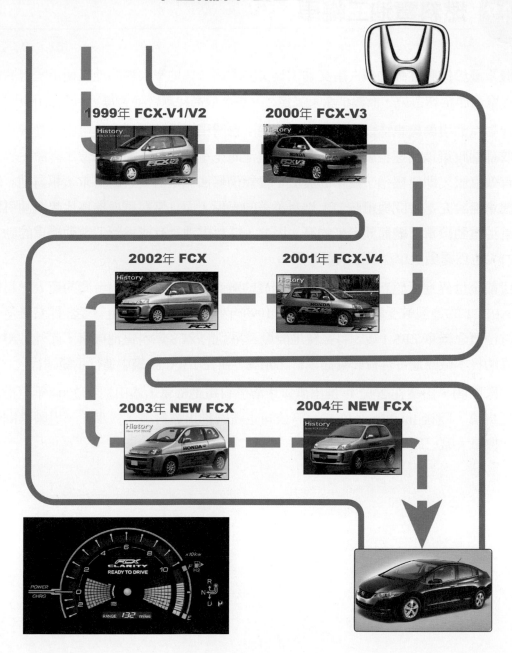

1999年 FCX-V1/V2

2000年 FCX-V3

2002年 FCX

2001年 FCX-V4

2003年 NEW FCX

2004年 NEW FCX

7-19 燃料電池二輪車

機車屬於機動性強的個人用交通工具，非常適合在地窄人稠的地區使用。台灣機車使用密度高居全球首位，而機車產業發達且完整，最高紀錄曾經有每年百萬台市場規模。

針對汽油引擎機車造成的空氣污染問題，台灣積極推動零污染的電池電動機車，政府採取補貼政策以加速推廣。然而，由於電池的充電時間長、續航力低、壽命短等缺點無法有效克服，即使經過十幾年的發展，性能仍無法滿足消費者的需求。相對地，燃料電池機車無論充電時間與續航力上均有不差的表現，而且燃料電池機車比起汽油引擎機車、電池電動機車之總體效率來的高。因此，燃料電池具有成為新型電動機車的動力源之潛力，也為電動機車產業注入新希望。

目前全世界進行燃料電池電動機車開發的廠商並不多，其中以台灣的亞太燃料電池公司 APFCT 的進展較受矚目。APFCT 自 1998 年接受美國瓊斯基金會委託開發後第一代燃料電池概念機車 ZES I 後，有系統地開發一系列的 ZES 燃料電池機車，此外，APFCT 並曾協助日本廠商進行輪椅與輪代步車之開發，並在 JHFC 計畫中進行示範運行。

在國際間，山葉在 2002 年推出直接甲醇燃料電池機車，本田則在 2004 年也推出燃料電池機車，隨後 Intelligent Energy 等公司也陸續推出燃料電池機車，一場國際間的燃料電池機車大戰已經展開。

要點百寶箱

1. 燃料電池機車是適合台灣發展的利基產業。
2. 燃料電池機車的發展落後乘用車的發展。
3. ZES 是 Zero Emission Scooter 的英文縮寫。

燃料電池機車的發展

機車用迴冷式燃料電池系統

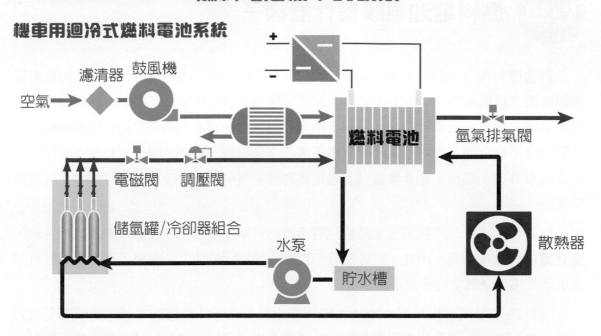

亞太燃料電池公司的**ZES**系列機車

ZES 2.6

APFCT for Kurimoto

ZES I	ZES II	ZES 2.5	ZES III	ZES IV	ZES 4.5	ZES V	ZES V.b
1999	2000	2001	2002	2003	2004	2005	2006	2007

Yamaha

Aprilia

Intelligent E.

Yamaha

Honda

國際間燃料電池機車之開發

7-20 燃料電池車該長什麼樣子？

討論燃料電池車的長相前，我們先看看目前的汽車為什麼會長這個樣子？由於引擎運轉會產生震動與噪音，且溫度又高，因此引擎必須與駕駛及乘客隔離，於是將車子分隔成引擎室與駕駛艙兩廂設計。這個架構從發明汽車一百多來都沒變過。這種階梯狀的外型完全不符合空氣動力學原理，而為了解決這個問題，一百多年來工程師不斷地嘗試改變汽車外型，然而，充其量就只不過是將客艙頂與引擎室前緣連成一條較為平滑的曲線而已。

目前，大部分的燃料電池車是將原有車款的引擎位置騰空然後置入燃料電池系統，儲氫罐則置入後車箱，因此，從外型看不出有什麼特別的地方。未來我們要買的燃料電池車就長這樣子嗎？答案是不一定。

關於燃料電池車的長相，2004 年的東京車展發生一件有趣的事情，「哎呀！這到底是怎麼回事？」因為報紙刊登的兩家公司概念車「如出一轍」。到底是不是洩密呢？怎麼會出現設計雷同的燃料電池概念車呢？一部是豐田的「Fine-N」，另一部是本田的「KIWAMI」。

豐田和本田誰都不敢說誰抄襲誰，因為現場還有一部通用汽車的「Hy-wire」，三者都是「車前臉極平的單廂設計」和「從前到後為一體拱形」。而 Hy-wire 早在 2002 年就已經發佈，豐田和本田可以說都模仿了 Hy-wire。

燃料電池車必須要發揮它的優點，無論是誰？怎麼考慮？答案總歸只有一個，因此，根本沒必要作弊。從這個意義上說，三家公司即便設計相似，也無可厚非，「不是模仿，而是必然」。

要點百寶箱

1. 燃料電池車適合採用流線型設計。
2. 內燃機車引擎室與駕駛艙的兩廂設計
3. 燃料電池車的儲氫瓶放在後行李廂或底盤。

燃料電池車的外型

 HyWire

 KIWAMI

 Fine-N

7-21 700 大氣壓高壓儲氫罐太危險？

　　汽車雖然是許多人日常生活中的代步工具，但大多數人對於汽車之專業知識並不是很瞭解？於是，有些人就會認為，燃料電池車所使用的高壓儲氫槽太危險！事實上，車輛用高壓儲氣槽並不是什麼新鮮事，早就有許多高壓天然氣車在路上行駛了。因此，讓一般民眾了解燃料電池車的安全措施是普及化前提。

　　燃料電池系統的安全可以從高壓氫氣與高壓電力兩個角度來討論。

* 防止漏氫：目前燃料電池車所搭載的儲氫罐壓力高達 700 大氣壓，如此高的壓力必須以嚴謹進行測試，包括火災、疲勞、耐壓、子彈射擊、以及酸鹼試驗等，此外，所有氫氣管線與和高壓電源線必須與客艙隔絕，萬一氫氣洩漏時，車內的氫氣感測器會提供警告。如果氫洩漏發生在燃料電池系統內，強制啟動通風系統，並同時切斷系統。一旦著火時，洩壓閥也會開啟以釋放氫氣、防止儲氫槽破裂。

* 防止漏電：車用燃料電池的電壓相當高，通常在 200 ～ 400 伏特之間，因此必須將高壓零組件進行妥善隔離，或是將電壓降低到一定水準，以避免在意外事故發生時，導致在電力系統損壞、暴露於外時，能夠避免人員受到電擊傷害。燃料電池可能經由內部配管的冷卻水引入外部電流，為了要確保不導電的安全性，每伏特電壓必須具有 500 歐姆以上的阻抗，而 2 毫安培的電流一般人體是感覺不到的。因此，所使用的冷卻液必須是絕緣的。在設計上高壓電源線與客艙完全隔絕，當發生接地現象時感測器將會出現警示，而且發生碰撞時，接觸式開關會切斷所有電源線。

要點百寶箱

1. 氫氣的逸漏與高壓導電是燃料電池車的安全性議題。
2. 高壓儲氫瓶安全已獲得驗證。
3. 需搭載氫氣洩漏警示系統。

燃料電池車的安全議題

儀表警示燈

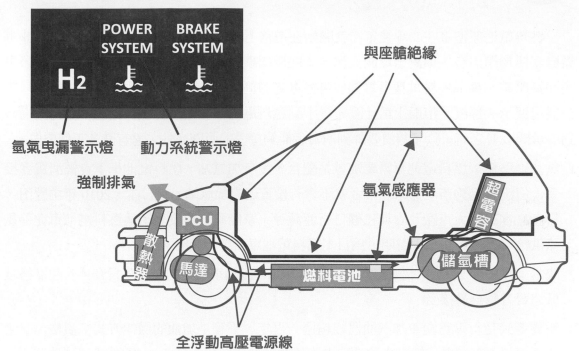

POWER SYSTEM　BRAKE SYSTEM

H₂

氫氣曳漏警示燈　　動力系統警示燈

與座艙絕緣

強制排氣

氫氣感應器

PCU

散熱器

馬達

燃料電池

超電容

儲氫槽

全浮動高壓電源線

高壓氫罐的安全試驗

火災試驗

子彈擊穿試驗

疲勞試驗

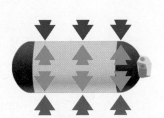

耐壓試驗

鹽水、酸、鹼藥品試驗

7-22 燃料電池車的路上還有哪些障礙？

　　燃料電池原型車在二十幾年前就開始在道路上出現。2011 年，賓士的三輛 F-Cell 車從自家博物館出發，橫跨全球四大洲、十四個國家，歷時四個多月、行駛超過三萬公里後回到原點，實現燃料電池車零排放繞行世界的創舉，也強力宣示燃料電池車並非只能在展場展示。那麼，市面上為什麼還買不到燃料電池車呢？要將燃料電池車要從展場移到展示間販賣之前，除了售價要降到消費者能夠接受的範圍之外，還有許多工作要做。

1. 氫基礎環境：燃料電池車需要加氫站配合，沒有加氫站，燃料電池車不會被消費者接受，但沒有足夠市場需求，業者就不會有投資建立加氫站。在日本，2010 年由豐田、日產、本田三大車廠及吉坤日礦日石能源等十家能源公司發表了為燃料電池車完善氫氣供給基礎設施的共同聲明，為日本燃料電池車商業化鋪路。

2. 成本：豐田於 2015 年起販售燃料電池車，四人座轎車價格約 700 萬日圓，當然價格越低消費者越容易接受。

3. 消費者接受：畢竟開車加汽油已經超過一百年，不管是加油的操作方式、價格、安全性都已經十分習慣，短期內要消費者對氫燃料建立同樣的信心，必須加倍努力。

4. 標準與規範：氫與燃料電池是新的產業，必須要有新的規範與標準。日本為加速燃料電池商業化，放寬設加氫站的相關法規，例如修改有關高壓氣體保安法，以方便住宅區或辦公大樓群聚區設加氫站。此外，日本政府也將修改消防法規，以准許加油站設置加氫站。

要點百寶箱

1. 加速燃料電池車商業化必須完善氫氣基礎設施。
2. 燃料電池車的售價消費者要能接受。
3. 必須要有新的規範與標準。

燃料電池車商業化的阻力

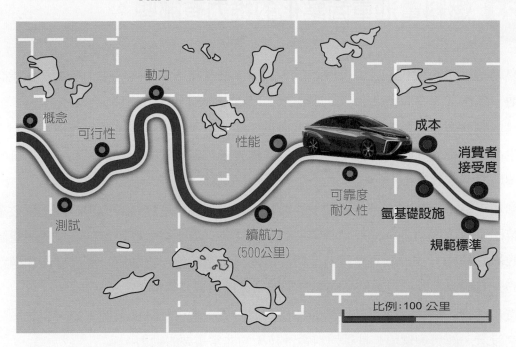

概念　可行性　動力　性能　成本　消費者接受度

測試　續航力（500公里）　可靠度耐久性　氫基礎設施　規範標準

比例：100 公里

降低成本

燃料電池車商業化之要務

建立規範與標準

CODES & STANDARDS

提高消費者接受度

建構氫基礎設施

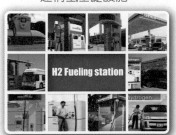

H2 Fueling station

7-23 燃料電池車商業化的推力有哪些？

　　燃料電池車商業化的阻力，例如成本太高、沒有加氫站等，這些大家都耳熟能詳。相對地，燃料電池車商業化推動力有哪些呢？我們歸納有以下五項：

1. 全球氣候變遷：以氫為燃料的燃料電池車，完全不會排放溫室氣體，而從油井到車輪的生命週期來看，燃料電池車的溫室氣體排放量只有汽車的 45%，因此，可以有效地改善地球溫室效應。

2. 效率和可靠：高效率表示消耗較少的燃料，可以延長化石燃料的使用時間，用效率換取時間，以確保有足夠的時間將轉型到永續能源經濟。使用燃料電池就是提高能源使用效率的積極方式。高可靠電力是燃料電池另一項特色，特別是一些高度倚賴穩定電力的先進國家，對於可靠度高的燃料電池發電技術寄與厚望。

3. 健康和環境：燃料電池車可以消除都市空氣污染，更可以降低保健支出，對許多先進國家而言，健康與環境是推動燃料電池技術的非常重要的動力。

4. 能源安全：免除對進口石油的依靠是推動燃料電池車的一股重要力量，用氫替代石油可以降低對石油的依靠，提昇能源安全。

5. 分散電力的需求：停電對經濟會造成重大衝擊，各國都相當重視供電的穩定性，建造燃料電池分散型電廠提昇供電穩定性不僅簡單而有效，而且成本也低；其次，大部分的集中型電廠的餘熱都浪費掉，分散式電廠的餘熱可供使用而提高效率。

 要點百寶箱

1. 加速推動燃料電池車可減緩全球氣候變暖設施。
2. 燃料電池車廣泛使用有助於環境與健康。
3. 能源安全是推廣燃料電池車主要訴求。

燃料電池車商業化的推力

全球氣候變遷

效率和可靠

健康與環保

能源安全

分散電力的需求

國家圖書館出版品預行編目(CIP)資料

綠色能源 / 黃鎮江編著. -- 四版. -- 新北市 ：
　　全華圖書股份有限公司, 2022.12
　　　面；　公分
　　ISBN 978-626-328-380-0(平裝)

1.CST: 電池　2.CST: 能源技術

337.42　　　　　　　　　　　111019953

綠色能源

作者 / 黃鎮江

發行人 / 陳本源

執行編輯 / 葉書瑋

出版者 / 全華圖書股份有限公司

郵政帳號 / 0100836-1 號

印刷者 / 宏懋打字印刷股份有限公司

圖書編號 / 0602903

四版一刷 / 2022 年 12 月

定價 / 新台幣 450 元

ISBN / 978-626-328-380-0 (平裝)

全華圖書 / www.chwa.com.tw

全華網路書店 Open Tech / www.opentech.com.tw

若您對書籍內容、排版印刷有任何問題，歡迎來信指導 book@chwa.com.tw

臺北總公司(北區營業處)
地址：23671 新北市土城區忠義路 21 號
電話：(02) 2262-5666
傳真：(02) 6637-3695、6637-3696

南區營業處
地址：80769 高雄市三民區應安街 12 號
電話：(07) 381-1377
傳真：(07) 862-5562

中區營業處
地址：40256 臺中市南區樹義一巷 26 號
電話：(04) 2261-8485
傳真：(04) 3600-9806(高中職)
　　　(04) 3601-8600(大專)